人生不如意的事总是占大多数，
不是只有你过得这么难。
因为人生无常，一切皆有变好的可能。

学诚法师教你　断除八万四千种烦恼

难念的经
家家有本

贤二问道系列

学诚 法师 著

天津出版传媒集团

天津人民出版社

图书在版编目（CIP）数据

家家有本难念的经 / 学诚法师著 . -- 天津 : 天津
人民出版社 , 2018.7
　（贤二问道系列）
　ISBN 978-7-201-13366-9

　Ⅰ . ①家… Ⅱ . ①学… Ⅲ . ①人生哲学 – 通俗读物
Ⅳ . ① B821-49

中国版本图书馆 CIP 数据核字 (2018) 第 110225 号

家 家 有 本 难 念 的 经
JIA JIA YOU BEN NAN NIAN DE JING

出　　版　天津人民出版社
出 版 人　黄　沛
地　　址　天津市和平区西康路 35 号康岳大厦
邮政编码　300051
邮购电话　（022）23332469
网　　址　http://www.tjrmcbs.com
电子信箱　tjrmcbs@126.com

责任编辑　玮丽斯
监　　制　黄 利　万 夏
特约编辑　马 松　宣佳丽　刘长娥　张久越
装帧设计　紫图图书 ZITO®

制版印刷　北京瑞禾彩色印刷有限公司
经　　销　新华书店
开　　本　787 毫米 × 1092 毫米　1/16
印　　张　16.5
字　　数　130 千字
版次印次　2018 年 7 月第 1 版　2018 年 7 月第 1 次印刷
定　　价　56.00 元

远离诸苦，
让生命的价值和尊严自现

现在社会的问题、心理的问题、家庭的问题等等，可以说是层出不穷，这其中包含了大量的精神领域的痛苦。为什么科学技术越来越发达，人类的痛苦却越来越多，这些痛苦的来源就是因为人性里面有一部分不是机械性的东西，属于灵性的东西被埋没掉了。

人虽然有机械的一方面，就像我们脑神经当中的组织以及生理上的各种反应，是和物质有关；但人还有另外一种不属于物质的，属于心灵方面、灵性方面、悟性方面的层次，这方面懂的人就不多了。

中国的传统文化都非常重视在心性上做功夫，从中开发智慧的宝藏。

从人性方面不断得到升华，就是佛性。中国禅宗讲"人成即佛成"，人性里头这种觉悟的成分开发出来，就是佛性。佛就是觉悟，只有这种佛性渐强，我们人性当中光明的部分、光辉的部分才会得到显示。

不幸的是，在一味塑造物质的机械文明里，人往往被当作机器、物质来管理，甚至人心、人性、人的各种行为都可以用物化的指标来计量。

当人被这样来计算和管理的时候，还有什么灵性可言，还能有什么快乐呢？

我们常常说这个人很有灵性，但是灵性是没有办法用物化的指标来计算的。比如我们现在考试里头的选择题，A、B、C、D，可以用电脑来快速地判卷，但是如果你写一篇好的文章让电脑去阅卷，让电脑去评判，电脑就没办法知道这篇文章写得好不好。文章虽然是由文字组成，却是人灵性的一种展现，所以电脑是判不了的，人灵性的部分是没有办法用物质的概念来规范化、标准化的。

中国文学里的唐诗、宋词、元曲等等，也是很难用电脑来评判的。

比如"白日依山尽，黄河入海流。欲穷千里目，更上一层楼""朝辞白帝彩云间，千里江陵一日还。两岸猿声啼不住，轻舟已过万重山"等诗里的一些境界，是很难用电脑来评判的。

因为这是一种感悟、一种境界、一种心里的美，一种对大自然、对人间的热爱，以及人与人之间深情的一种流露。

其实我们人的心理都是非常敏锐的，有时候哪怕不用说一句话，甚至也不在一起，都可以感受到别人的心。

孔子的弟子曾参是有名的孝子，他有一次外出的时候，他的母亲非常想念他，就咬自己的手指，曾参马上就感觉到了，知道是他的母亲在思念他，让他赶快回到家里。

这个公案对现代的人来讲，当作故事听一听而已，能够真正相信的人也许并不是非常的多。

但是现在人的心越来越麻木了，不仅对自然界、对别人，乃至对自己家里的父母、亲人都已经麻木了。其原因是人灵性的部分越来越被压抑，越来越被埋没，所以通常的人如何面对和解决这个问题？无非是麻痹自己。

所谓"麻痹"就是不承认自己内心当中有灵性的存在，误认为人的本性就是物质的，只是一堆原子的排列组合，人死了以后就什么都没有了。

然后用什么方法来麻痹自己呢？首先拿一套理论、说辞把自己蒙蔽掉；其次追逐种种的功名利禄、荣华富贵、物质享受……

就是内心里面的种种不健康，用另外一些极端、负面的方法来解决，结果只有错上加错。

佛教就是要人们明了人生的真相，帮助我们远离痛苦，得到快乐，它引进的对象涵盖了精神世界和物质世界，并以精神世界为研究的主方向。

佛教认为，人的痛苦根源在于内心的无明，当这种无明破除以后，痛苦就会自然消失，快乐就会自然升起，而且这种快乐是一种永恒的快乐，并不特别依赖于外在的条件。

好好学习佛法的智慧，在身语意上认真修炼，如是就会觉悟，远离诸苦，让生命的价值和尊严自现。

学诚

2018 年 6 月于龙泉寺

目录

上 篇
诸恶莫作，众善奉行

第一章　不要白白受苦

第二章　自省的力量

第三章　贪嗔痴越少，格局越大

第四章　有愿力，一定有成就

中 篇
精进之道

第五章　存好心，说好话，做好事

第六章　没有一次成功
　　　　　　不是在痛苦中完成的

第七章　做一个慈悲喜舍的人

第八章 "情"一字，该拿它如何是好

第九章　百善孝为先

第十章　不要把自己的"成就感" 放在孩子身上

下 篇
一语点醒梦中人

第十三章　好好用心

上篇

诸恶莫作，众善奉行

第一章

不要白白受苦

没有谁活得不苦

问：苦苦、坏苦、行苦是什么意思呢？

学诚法师： 苦苦，就是人人都能感受到的痛苦（比如逆境），这是最初的层次。

坏苦，就是普通人认为快乐的事情，这种乐很"快"，当它消失时，人就会感到痛苦，所谓"乐极生悲"；反过来说，我们平常感到的快乐，是因为有某种苦消失了，比如饿了吃饭很快乐，其实是饿的苦在减轻，但若继续吃下去，马上又会产生新的苦。快乐总是能转化成痛苦，所以叫坏苦。

行苦，是最深刻最细微的苦，就是万事万物永远不会停止，永远在变化，没有一刻是能够留住的。这种无常的逼迫，就是行苦。

爱别离、求不得、怨憎会，
人生总是会经历这些苦

问：自己想要的来不了，不想要的却出现。面对这样的苦，该如何处理？

学诚法师： 爱别离、求不得、怨憎会，人生总是会经历这些苦。绝大多数人的解决办法是在外境上努力，更加拼命地追求，或者更加激烈地排斥，认为只要外境改变了，苦就消失了。

在外境上努力，可能改变一时的苦，但究竟的苦还是逃不掉，它们会换一个时空因缘，换一些人物面貌再次出现。

我们要采取釜底抽薪之法，因为苦来源于贪嗔，贪嗔是因为有"我"，通过修行去认识"我"、放下"我"，苦就会减少。

一切苦从妄想生

问：为何我现在做什么都不顺，什么事儿都事与愿违呢？身边的人也不给力，难道是老天爷在跟我开玩笑吗？

学诚法师： 只是想要做的事情的因缘不具足而已。就像一棵树，时节因缘不到就不会开花，这很正常，可是我们会因为愿望落空，就给这个境界贴一个"不顺利"的标签，然后自己生闷气、痛苦、怀疑人生。一切苦从妄想生，少一点对结果的想象，多一点对自己身心的管理。

受不了眼前的诱惑，未来就会受苦

问：有些事明知不可为而为之，经不住诱惑，怎么办？

学诚法师： 受不了眼前的诱惑，未来就会受苦。

霉运缠身是什么原因

问：我人生的前三十年总是充满了各种不幸，霉运缠身，师父救我！

学诚法师： 不要怨天尤人，觉得自己怎么这么倒霉，要知道一切苦果都是自己的烦恼恶业感召的；改变命运、趋吉避凶的根本也在于自己。好好反省自己性格上的缺点，思考这几十年里哪些人对自己有恩。想明白了这些，就知道如何做了。

定义自己的人生，而不要被命运定义

问：为何我总觉得命运凄苦呢？

学诚法师：命运苦也好、乐也好，顺也好、逆也好，都是已经存在的状况了，如何去过好它才是最重要的。最可悲的不是命运凄苦，而是我们沉溺于此，执着于"命苦"的标签而捆缚了自己。

我们要去定义自己的人生，而不要被命运定义。

为什么我一直这么不顺

问：我只是想知道为什么我一直这么不顺，没有什么破解的方法吗？

学诚法师："不顺"是自己把不如意事积累到一起去思考，然后这样去认为的；再假设一个"厄运"为因，于是就想要去破解。其实没有自己所认为的障碍，顺逆都是人生常态，因为我们过去造了善恶夹杂的业，所以就会感得苦乐交织的果。

无论什么境遇下，都应该起好心、说好话、做好事，不要犹豫、怀疑。

为什么苦?
因为"苦得还不够,怕得还不真"

问:我很懒惰,什么都坚持不了,好绝望,天天都在发呆状态中度过。

学诚法师: 苦得还不够,怕得还不真。

你要把"坎坷"变成财富还是伤口

问:我经历了很多坎坷,该如何平复过去的心灵创伤,不再胡思乱想,改善我的神经衰弱呢?

学诚法师: 你从坎坷中体会到了什么对生命有价值的东西呢?如果得到了成长,那它就变成财富;如果一直哀怨,那它就仅仅是一个不断被揭开的伤疤。

人生的黑暗不是因为挫折,而是因为无明

问:生活中遇到了挫折,感觉人生黑暗怎么办?怎么才能走出来?

学诚法师：人生真正的黑暗不是因为挫折，而是因为无明。挫折是提醒，看看自己的身语意有什么地方不圆满，然后才知道该怎样去弥补和改善。

向上走的每一步中受的苦都是资粮

问：我特别羡慕朋友的生活，其物质和精神上的富足是我没有的。我也知道羡慕没什么用，还会让内心产生自卑感，应该自己去努力。可努力的道路很苦，很多悲伤都需要自己吞咽，应该怎么去调节这种心态呢？

学诚法师：你只看到别人得到了多少，却没看到他付出了多少。向上走的每一步中受的苦都是资粮。

向上的每一步都是资粮。

老想着"我真命苦"，就会真的命苦

问：我最近心情很浮躁，脾气也控制不住。妈妈生病了，我要自己挣钱凑学费，还要照顾妈妈，以及包揽家里所有的家务活。每天都很烦，不知道该怎么办。

学诚法师：浮躁、暴躁是因为自己一直在排斥眼前的因缘，没有安住当下。内心一直在串习"我真命苦""为什么要我做这些事情"等负面情绪，只会越来越深地陷入烦恼泥潭。要转一个心态去面对，接纳现状，全心成长。

遭遇苦果的时候，继续起烦恼，
就相当于在令苦果"延期"

问：我最近一直比较晦气，没结果、没解决的问题一直悬在脑海里，不停地钻牛角尖，感觉自己是负能量源头，生活和工作中的人和事也处理得不好。我讨厌这种状态，该怎么办？

学诚法师：人生不如意，十之八九，每个人都会遇到不顺心的事，关键看自己怎么去面对。

遭遇苦果的时候，继续起烦恼，就相当于在令苦果"延期"。反过来，努力令内心朝向好的一面，终止坏情绪，才能真正了业。不要一直抱怨过去而浪费了今天——能够让未来更好的机会。

无法懒得心安理得怎么办

问：我目前的生活状态就是"既无法忍受目前的状态，又没能力改变这一切。想像只猪一样懒，又无法像猪一样懒得心安理得"。我要怎么办啊？

学诚法师：有改变的愿望，就要有改变的行为，不然就会在妄想中虚度一生。人与畜生不同就在于会思考，不要自甘堕落。

有改变的愿望，
就要有改变的行为。

不要用"没有兴趣"
给自己的懒散找理由

问：我内心很痛苦，当前的状态是：想不出自己要做些什么事，经常坐一整天，荒废度日，没有兴趣、没有特长、没有能力，长期沉默。现在发觉自己对人、对事都没什么看法，跟亲近的人在一起也说不出什么话来，厌恶自己的无趣，给不了别人快乐，也感觉不到快乐。向前看，看到的只有无尽的痛苦。几年来一直在和"离开这个世界"的想法做斗争，即将毕业离校，工作未定，不知何去何从……写下这些，已泣不成声。祈求师父指导，祈求您给我一个方向！

学诚法师： 想不出要做些什么事，就做好当下该做的事。该学习就学习，不要用"没有兴趣"给自己的懒散找理由。厌恶自己的现状，那就去改变。心里想太多，脚下却一步未动，长期如此身心分裂，就会陷入痛苦深渊。脚踏实地，勤奋起来，身心就会渐渐安稳、泰然。

想不出要做些什么事，就做好当下该做的事。

如何治理拖延症

问：每到晚上临睡前，我就懊悔这一天自己什么也没做没学，觉得好可惜。可一到白天自己又不想动，什么也不想学不想做，一到晚上就又来惋惜时间了。我应该怎么去对治自己的这种毛病呢？

学诚法师：一日之计在于晨。早上列出一天想要做的事情，一件一件去完成。人不能总是活在妄想中，拖延懒惰，那跟行尸走肉有什么区别呢？

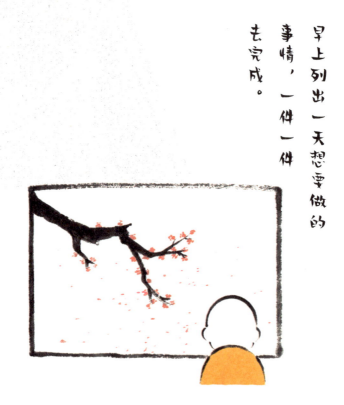

早上列出一天想要做的事情，一件一件去完成。

为什么一定要勤奋

问：我们为什么一定要勤奋呢？

学诚法师：因为懒惰会很苦。不仅未来会苦，现在也很苦。内心空虚，意志软弱，身体无力，何乐之有？

什么叫成功

问：我从小到大没有做成功一件事情。想来，上学时作文还可以，因此想发展写作。可是一直失败，现在对写作也没有信心了。您可以鼓励鼓励我吗？

学诚法师：什么叫成功呢？是必须有人赏识（而且是很多人赏识），还是脱颖而出在某比赛中获奖，战胜千千万万人？

当一个人追求的东西依赖于外在的因缘时，不仅找不到快乐，反而只能收获痛苦。

怎么样才能快速成功呢

问：为何别人找对方法做事很快就成功了，而自己却怎么也找不对方法呢？即使找到了方法，却也要经历若干年才能成功，有时候还出岔子。运气也非常不好，小小年纪竟然开始信命运这回事。我怎么样才能快速找到自己做事做人的方法，进而可以得到成功的青睐呢？怎么样才能得到好运呢？请您开导，谢谢！

学诚法师：一颗种子怎样才可以"快速"长大、结果呢？

你看到别人很容易摘到果子，那是因为他在很早之前就种下了种子，辛勤浇灌。不要羡慕他人的果，自己好好在因上努力，这就是成功的秘诀。多一点耐心，也多一点信心。

"吃得苦中苦，
方为人上人"的条件是什么

问："吃得苦中苦，方为人上人"的条件是什么？有的人一直在吃苦，可是到最后还是平平淡淡。还有的人为了生活拼命地赚钱，最后把人累坏了，这就是所谓的吃苦吗？

学诚法师：成就的根本因是智慧和福报，过程中的艰辛和不动摇（所谓"吃苦"）是辅助条件。错解这句话有两个原因：一是没了解"吃苦"的真正内涵，在文字上执着，把受苦当作了吃苦；二是把表面原因当成了根本原因。

吃苦不等同于受苦。

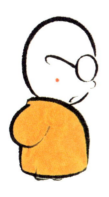

人总是舍近求远，所以无法安住当下

问：离开原来的工作之后，我发现自己很喜欢那里，人、地、财、名都有，但在那里我有千种的不适。我很想回去，但因缘不能再现，很难了，对未来很茫然，怎么办？

学诚法师：无论人或事，都有很多面，有好的一面也有不好的一面，怎样认识，取决于我们内心去执取哪一面。

但是人往往有一个特点：拥有时执取不好的那一面，失去时执取好的那一面，这都是人内心舍近求远的毛病。

因为我们舍近求远，所以无法安住当下；反过来说，因为我们无法安住当下，所以会舍近求远。

所以，要学会正确对待和接纳现在，找到内心真正的方向，这样才是一种健康的生命状态。

不要白白受苦

问：世人是不是都要经历过一些痛苦、付出代价才会成长？是不是平时多经历些小磨难可以抵消大苦难？

学诚法师：最上等的马，看见鞭影就懂得骑手的心意；第二等的马，鞭子刚刚触到皮毛就知道了；再次一等的马，要等鞭子抽到身上才知道；第四等马，要等到鞭子重重抽打，痛彻骨肉才知道。

修行之人也相似，根器利的人，看到或听到世间之苦，立刻就能有所体悟；第二等人，看到身边有人遭遇苦痛，便有所觉；第三种人，看到身边有人受苦并不会感觉什么，直到自己亲友受苦，才会心有所动；第四种人，非要自己经历了困顿苦难，才会有所成长。

不管哪一种，只要自己从痛苦中能够总结经验，有所成长，就是好事，不要白白受苦。

不能主动成长，就一定被动受苦

问：一个人怎样才能知道如何做并做得到？以前貌似有些好高骛远，但真去做反而自得其乐没有困惑。但如今却不知如何去做，没有以往的耐心，不听劝，想逃避。心里知道如何做，但怎样才能摆脱拖延，真正做到呢？

学诚法师：如果内心的愿冲不破习性的壳，只有等着外境强猛的刺激来帮助自己了。不能主动成长，就一定被动受苦。

与其对着果相哭，
不如多想想为什么会这样

问：我没有成功的事业，爱情也要结束了，日子过得很痛苦。我该怎么办呢？

学诚法师： 与其对着果相哭，不如多想想为什么会这样，自己哪些地方做得不够，然后努力弥补。福报不够的，积福；智慧不够的，修慧；方向不清楚的，要静心思考和探索。

不要因为痛苦而失去成长的机会。

如何让一颗百年苦果变甜

问：为什么我念了半个月的佛，皮肤病还是不见轻呢？

学诚法师：给你讲个故事："有一棵百年苦树，从根到果全部是苦的，但有一种方法能令果实变甜，就是用甜水去灌溉。有一个人想吃甘甜的果实，于是就发心给这棵树浇甜水。他浇了三滴水，然后就迫不及待地问：果实变甜了吗？"你怎么看呢？

人的理想不应该是
"我想要什么样的生活"

问：我觉得时间走得太快了，我还没想好自己要什么，理想是什么。我总是想得很多，心里很乱。我该怎么办？

学诚法师：人的理想不应该是"我想要什么样的生活"，而是"我想创造什么价值"。有了理想，就要去实践，不然理想就会变成妄想。妄想多了，行动跟不上，人就会被压垮。反过来，哪怕为理想迈出小小一步，人都会感到充实和自信。

"世界以痛吻我，要我回报以歌"

问：我和亲人诸事不顺，疾病缠身。我该怎么办呢？

学诚法师："世界以痛吻我，要我回报以歌。"每个人生命中都有泥泞的时刻，这只是一段因缘，总会过去。我们要有"回报以歌"的坦然和积极，它就没有那么难熬。不管在什么情况下都要种正因，这是走出荆棘、走向光明的唯一道路。

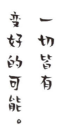

一切皆有变好的可能。

面临诸多选择时，
选择最难的那一条路

问：如果面对诸多选择，而对这些选择又很难做出判断时，且这些选择又不是自己情愿去选的，这个时候该怎么办呢？

学诚法师：面临诸多选择时，选择最难的那一条路。因为，容易的往往是下坡路。

看不清楚未来的时候，
就走好当下的每一步

问：我突然觉得我很无能，什么都做不好，明明很努力却一点成绩也没有。我现在就像处在一片白雾中，到处走却又找不到出路，我不知道该如何走了。

学诚法师：看不清楚未来的时候，就走好当下的每一步。当自己一向认为对的事情却被否定时，内心会有虚弱无力、茫然失措的感受，这是很难受的经历，但也是富有意义的过程，"不经一番寒彻骨，哪来梅花扑鼻香"。

我们的每一点努力，
都在创造不同的条件

问：人生在世总有不如意，该如何说服自己去面对和期望未来？

学诚法师： 当你吃到一个苹果时，它并不是你付钱从超市买回来这么简单的因果关系，这只是整个过程的最后一步。在很多年前，苹果的种子就种下去了，然后经过了发芽、生长、日照、雨淋，不知多少个日夜的慢慢生长，然后才能结果，经过采摘、运输、贸易，最后到你的手里。这个苹果是酸、是甜、是什么品种，是很多因素决定的，种子的故事可以追溯到很久远前。

我们的人生也如这个苹果一样，甜美还是苦涩，并不只是眼前这一刻造成的，也不简单是某一个人、某一件事的原因，它是一个非常长远、复杂的过程，同时，绝不是一个最终的结果。我们现在的每一个心念、行为，都在种新的种子；我们的每一点努力，都在创造不同的条件。未来的苹果，你想要什么样的？

每一个心念、行为，
都在种新的种子。

第二章

自省的力量

影响我们一生的不是失败，
而是面对失败的心态

问：我今年付出了很大努力，但还是失利了，这也许会导致我失去很多机遇，进而影响我的一生。我都不知道生活该怎样继续下去。怎么办？

学诚法师：影响我们一生的不是失败，而是面对失败的心态。无论走哪条路，都要有负责到底的勇气和决心。大到人的一生应该如何过，小到生活中每一件事情的选择，都与人的终极目标息息相关；人的目标又与价值观紧密相连。

所以，要常常静心思考：什么样的人生才是最有意义的？什么样的事情才是真正值得自己追求的？找到自己该走的路，一心一意地走。总是变来变去的人，是因为他们没有想明白自己真正想要什么。

是随遇而安还是积极进取

问：请问年轻人该以什么样的态度工作生活呢？是随遇而安、清净无为，还是积极进取？

学诚法师： 随遇而安，是一种真正的乐观和积极，不管在什么境界中都能安身立命，而不是怨天尤人；清净无为，是内心的一种境界，放下执着烦恼的境界，并不等于"无所作为"。在懂得何者该为、何者不该为的基础之上，才能真正做到"无为无不为"，这才是最积极、智慧、快乐的生活态度。

随缘，不仅仅是一种安慰

问：什么叫随缘、随性？我把它理解成：不管了，任由其发展吧，反正是顺其自然。感觉是放任自由，不管不顾，甚至是破罐破摔。人变得冷漠了，没了自我的意识。

学诚法师： "随缘"的意思是，做好自己能做的一切准备，来面对、因应外在的因缘。因缘没到，不着急，不强求；情况与自己想象的不一样，能够做出调整而顺应它；因缘过去了，不沮丧，不牵挂。很多人理解随缘，都是因缘消散时的安慰。随缘的确包含这一层意思，但这不是全部。如果只抓住这一面，而没看见"随缘"积极的一面，就会把随缘误解为随便、放弃。

因缘没到，
不着急，
不强求。

"跟着自己的心走"
很容易出问题

问：有时我总会做一些伤害别人的事，虽然结果对自己未必有利，但却是自己想做的。遇事该跟着自己的心走吗，应如何抉择？

学诚法师： 跟着业果走，跟着智慧走。

要警惕"跟着自己的心走"，因为我们心里装着的，绝大部分是烦恼。

顺境要收心，逆境要放心

问：最近我运气很背。找了三份工作都失败了，也不敢跟亲人说失业的事，怕他们担心。我很迷茫，恳请师父指点。

学诚法师： 人生本来就是有顺有逆，不要害怕逆境。处理好心境，才能改变外境。顺境要收心，逆境要放心，越是在逆境中，心越不能着急、焦虑、冲动，越应少想负面的事，多想好的一面。令心平静下来，踏踏实实反省、规划、落实。

要改掉一个坏习惯，
最好的办法莫过于培养一个好习惯

问：我有时难以调伏自心，明知生气不对却还是抑制不住。请问师父有什么办法能够调伏自心，并且消除生气后产生的过患？

学诚法师： 每个人都会有脾气，不分场合地乱发脾气，只会让事情越来越糟；若想让事情顺利进展，若想让自己得到周围人的喜欢，必须学会控制自己的坏脾气。

"生气"是一种思维习惯，要改掉一个坏习惯，最好的办法莫过于培养一个好习惯。在平常的生活中，要多练习去看一个人的优点和付出，增长自己的感激之心，慢慢就能屏蔽生气的心。

一直在顺境中，人反而会下堕

问：一受挫就会有自杀念头，我该怎么办？怎么做才不会继续消极下去呢？

学诚法师： 不要害怕和逃避挫折，要感谢和面对它，所有的困难都是用来磨炼自己的。一直在顺境中，人反而

成长路上苦乐相随，所有的痛都是必然。

会下堕；成长路上苦乐相随，所有的痛都是必然。这份勇气的根源，在于对自我有要求、有志向、有愿力。有一颗向上仰望的心，才能超越现在的境界和现在的自己。

心中装了太多事，感觉过得太累。怎么办

问：心中装了太多事，感觉过得太累。怎么办？

学诚法师： 电脑用久了，垃圾太多了，运转就慢了，需要常常去清理。人心也是一样，要时常去清扫，把那些负面的情绪清空，装入并保留清净、美好、积极的东西。

顺境中不要贪着和傲慢，
逆境中不要痛不欲生

问：对理想目标的坚持执着都是错误的吗？如果没有坚持努力和执着的进取精神，这世界还会有进步发展吗？"天道酬勤"不就是骗人的话了吗？

学诚法师：坚强的愿力与进取精神就是"精进"，可以说是世界上最积极、最彻底的奋斗精神。能造福社会的理想目标是值得追寻的，但我们往往在愿力之中混杂了烦恼——令我们在顺境中产生贪着和傲慢，在逆境中痛不欲生。这些东西犹如美食杂毒，修行要去除的就是这种"毒"。

坚强的愿力与进取精神就是『精进』。

不顺利的时候，
再焦虑抑郁也改变不了现状

问：最近工作没有着落，老对自己失去信心，越来越抑郁，不知道怎么才能走出来？

学诚法师：人容易这样：得意的时候慢心高涨，缺乏忧患意识；挫败的时候灰心丧气，看不到一点好处。心就像一个过滤器，只留下与心境相应的东西。这个时候，所见的自己、世界都是不真实不完整的，但自己会觉得这是事实，就用这种感觉把自己包裹住了。所以，顺境要收心，逆境要放心，才能让自己尽可能地回归到平衡，不钻情绪的牛角尖。

不顺利的时候，再焦虑抑郁也不能改变现状，反而会带来一系列连锁反应，让情况越来越糟。不如坦坦荡荡放下心来，用平和、冷静、乐观的心情来面对。心一转，境就转。

自己苦苦追寻的，或许是别人想要出来的围城

问：有时候看到周围人无论是在感情还是事业上都有所收获，而我现在几乎还是处于一无所有的艰难前进的状态，心里多少都会有点急躁，不知是不是因为自己付出的还不够，以至于不能达到期许的状态？不知该怎么办。

学诚法师： 焦虑是比较带来的。越是自己没有什么，越是会去看别人有什么，截取彼此生命中的两个部分摆在一起比，于是看不见自己拥有的，也看不见别人苦恼的那一面。于是就活在了内心设定的一个套子里：自己很欠缺、很失败、很孤独……然后就一直朝着自己想象的幸福努力，去追逐别人的生活。

其实，自己苦苦追寻的，或许是别人想要出来的围城。向外寻求，并不能达到内心的真实快乐。如果感情或事业就是幸福的答案，也不会有这么多苦恼众生了。我们的焦虑，来自于价值观的单一与世界观的狭窄，被束缚在自己观念所局限的监狱里，而不能看到自由的真正出口。

可以尝试了解不同状态下生活的人，很多人没有自己认为的"幸福的必备条件"，也一样生活得自信和快乐，他们的信念是什么？首先去掉障目之叶，然后才能看到更大的天地和更多的未来。

　　越是自己没有什么，越是会去看别人有什么。自己苦苦追寻的，
或许是别人想要出来的围城。

自己的习气和问题，身边的人往往看得比较准

问：我觉得和他人交流有障碍，也因此失去了很多朋友，包括家人。如何解决？

学诚法师：要去反思问题的根源在哪里，平心静气地听听别人的意见会很有帮助。自己的习气和问题，身边的人往往能够看得比较准。

平心静气地
听听别人的意见
会很有帮助。

病态的思维方式：眼中总看到自己所缺少的

问：我内心里经常有很多怨恨和不满——自己很勤奋努力，但是家境不好；没有亲友能给予帮助；自己的工作发展前景也不是很好。我一直觉得很孤独，渴望得到帮助，减少生活的压力。该怎么办？

学诚法师： 眼中总是看到自己所缺少的，总是觉得生活对不起自己，这是一种病态的思维方式，正是它导致了我们的孤独和压力。学会感恩和珍惜自己拥有的一切，当下才会快乐；带着满心的阳光上路，勤奋耕耘，自有美好未来。

为什么内心会不定期地出现疲倦、虚弱之感

问：为什么内心会不定期地出现疲倦、虚弱之感？当处于这样的状态时，觉得家庭、工作、人际交往都变成了一种沉重的负担，无力应对。所以很想逃离却又无处可逃。请问，这种状态该如何应对？

学诚法师： 这是人心力起伏，心力低落的时候，很小的事都变成了重担。修行就如同给心充电，手机每天都要充电，心也是一样。

听说的道理，是别人的人生；
思维消化的道理，才是自己的人生

问：就像您说的，世间的种种诱惑，好比是掺了毒药的甜水。也许是因为毒性没有发作，如今只尝到了甜头，所以很多人深陷其中不可自拔，等到毒发身亡时已经太晚了。听说过很多道理，可是仍旧过不好这一生。

学诚法师：听说的道理，是别人的人生；思维消化的道理，才是自己的人生。

为什么胡思乱想，
因为总是在计算外在的得失

问：我虽然懂得一些道理，但还是过不好日子，我的心始终静不下来，老是胡思乱想。有什么办法可以让我的心静下来呢？

学诚法师：懂得道理，就好比拿了药方在手上，或者说抽屉里放着很多药。但是，无论有药方还是药，不去吃，都是没用的。胡思乱想，最大的问题是心无所属，总是在向外求，计算外在的得失。

想什么问题都碰不到，
除非不做事

问：弟子一个人在国外求学，非常孤独，周围同学都很厉害，自己经常感觉跟不上，有时怀疑自己出来求学的决定，家里因为我出来求学经济压力也不小。怎么办？

学诚法师：为什么要来求学呢？求什么呢？这才是根本，决定了我们"要不要做"的问题。剩下的，是"怎么做"的问题。如果因为"怎么做"的问题，影响了"要不要做"的决心，那就是本末倒置了。要做事，就会遇到困难、付出代价；想什么问题都碰不到，除非不做事，但那又有什么意义呢？

要有目标、有定位，
才谈得上"当下"

问："一个没有目标和方向的人，是没用的。"这句话和当下是冲突的吗？

学诚法师：要有目标、有定位，才谈得上"当下"。

再远的路也不过"一步"而已

问：知易行难的时候该怎么办，感恩！

学诚法师：告诉自己，"其实，我只需要走一步，就是当下这一步。"再远的路，也不过"一步"而已。

自己有德行，别人才会服气

问：工作中面对他人造下的恶行，比如把别人的功劳说成是自己的。虽然此事与我无关，我该怎样帮助行恶之人不要再伤害更多人？还是不应该观过？对这样人的帮助是否算"为利有情"？感恩！愿您吉祥。

学诚法师：自己有德行，别人才会服气；自己有福报，才有能力去主持公平；自己有智慧，才能找到合适的机会和方法去帮助他人。行善助人离不开自己的现实条件，不是仅仅"想做"这么简单。这并不是说眼前就不能去做，而是要更理智、更长远地发心和做事。观过，是所有反应中最无益的、自他俱损的一种。

被医院诊断出有抑郁症怎么办

问：如何才能让自己感到充实和安静。我总是静不下来，睡不着觉，一个人在家也总是闲不住。前不久去医院做了测试，说我有抑郁症，我配合吃药和看书都没办法静下心来，读书、看电视精力总是不能集中，自己也知道这样下去不是办法，会害了自己。请指点迷津！

学诚法师： 给自己制订一些规划，例如每日运动半小时，每周读一本书，每天念佛108遍等等，然后专注于执行这些规划，完成它们。若能长期坚持落实规划，身心就会渐渐安定、充实，增长自信。

不放下又能如何呢

问：末学近来事事不顺。家人毕生积蓄被理财公司骗光，自己在工作上也被小人挤对。自己心情很差，压力很大，烦恼很重，不知如何化解，请开示！

学诚法师： 不放下，又能如何呢？只是增加苦恼而已。不管是苦是乐，日子都会一天天过去，人总要往前看。过去的事情再快乐，也无法留住；再痛苦，也后悔无门。只有立足于现在，尽力做好现在能做的，尽力让当下一刻的心，少一些贪嗔痴，多一些正念。

第三章

贪嗔痴越少，格局越大

别人说你是最好的人，你就是最好的人吗

问：因为周围人的眼光与态度，常感觉自己受到了污辱、轻视，感到生气与痛苦。如何对治？

学诚法师：别人说你没用，你就真的没用吗？别人说你是世界上最好的人，你就是世界上最好的人吗？我们往往听到别人的什么话就当真，受到夸奖就沾沾自喜，受到轻视就郁闷难当，都是活在一种概念中，自己没有清醒的认识，被外境牵得团团转。外境是一回事，我们内心如何看待、对待是另一回事。

如何面对别人的批评：如蜂采蜜，只取其蜜

问：面对别人的批评，怎样才不会觉得委屈呢？虽然批评得对，但态度太令人伤心，心里很难受，不知道该怎么办。

学诚法师：如蜂采蜜，只取其蜜。如果真心把自己的成长放在首位，那么听到别人指出自己的问题就会如获至宝，闻过则喜，因为这是真正有价值的，正是自己想要的。为态度而耿耿于怀，还是在意自己的面子，保护自己的我执罢了，都是自己的妄想和执着。

不是别人说我们好才快乐，说不好就痛苦

问：我总是太在意别人的想法，不知道该做怎样的自己，很难过。请提点。

学诚法师： 自己快乐、痛苦只有自己真正知道，不是别人说我们好才快乐，别人说一句不好就痛苦。人过得好不好，在于是否认可自己生命的品质，是否具备有价值、有意义的生命信念。

因为自己受到冒犯而生气，还是嗔心

问：请问已经帮助了对方，但对方因没达到目的而无端指责自己怎么办？事后觉得犯不着生气，可心里还是堵得慌。

学诚法师： 他被烦恼驱使而无礼，自己又在造什么业呢？如果是想帮助对方，棒喝也无不可；如果是因为自己受到冒犯而生气，还是嗔心。修行，就是在这些地方下功夫，在自己的身语意业上来反省、选择。

联想他人的恶语才是真正地伤自己

问：早上同办公室怀孕的姐姐说的话让我觉得自己是东郭先生。因为她三十多岁才怀孕，很照顾她。不为别的，只为良心。但是她的话让我伤心且愤怒。我知道火烧功德林的道理，但是不知道该怎么面对自己不可遏止的怒火。请指点迷津。

学诚法师： 别人言语的冒犯，如果是无意的，不需要计较；如果是有意的，更不需要领纳。他人的言语并不能伤害自己，伤害自己的是内心对这些话的领纳、解读、回忆乃至联想、放大，是自己的心把一个个外在的音节组合成一柄利剑，并刺伤自己。如果自己不在意，不入心，就不会受伤害。

别人在背后说人是非怎么办

问：对于别人的"闲言碎语"，背后说人是非，您怎么看？

学诚法师： 装聋作哑，风平浪静。对方恶口，只有自己去领纳了，才会真正伤害到自己。譬如一个人用你听不懂的语言辱骂你，即使听到也只是"某种声音"而已，不会引发嗔火。

　　他人的烦恼我们不去领纳，就伤害不了自己。不要把别人的话与自己结合起来想，多注重自己的念头，做自己该做的事。有人赞叹、夸奖而不骄傲；有人诋毁、讥讽而不嗔恨，这些境界就过去了，否则就是把外在的垃圾搬到自己心里。

他人的烦恼
我们不去领纳，
就伤害不了自己。

帮助朋友，对方不识好人心怎么办

问：我常常因为帮助最要好的朋友而遭到她的埋怨，为此总是特别烦恼。朋友不想听我解释，我又不想和其他朋友一样，顺着她自己骗自己。有时我能自己淡定，但是一想到她不识好人心就怪她，希望她过得不好。我应该怎么调整这种极端心态呢？请指点。

学诚法师： 每个人沉浸在自己的烦恼或感觉中时，都很难完全看清事实的真相，所谓"当局者迷，旁观者清"，放到自己身上也是一样。所以不能去要求别人什么，更不要去怨怼和责怪，多理解、多陪伴、多倾听，这是一个朋友能给予的最大帮助。

当你比人强很多时，别人才会仰望、跟从

问：若是有人因为嫉妒，排挤、冷淡甚至障碍我们，我们该怎么办？我一向秉持无争，忍让，但是这样并不能改变我所处的境遇，反倒会让别人心安理得，认为我就应该如此。

学诚法师： 当你比人强一点点时，别人会嫉妒、排挤；当你比人强很多时，别人会仰望、跟从。所以真正

的重点不是争不争，而是自己是否足够强大。若能以这样的心态去面对，也无所谓忍让了。用心做好自己该做的事情，专心成长自己，这才是正念。

如果你不关注别人，怎么知道别人在关注你呢

问：我总觉得我的同学在模仿我。无论我做什么，她都要学，让我感觉好像被监视一样。每天都活在这样的烦恼中很影响我的心情，我该怎么办？

学诚法师：如果你没有总是关注她，怎么知道她在模仿你呢？恰恰是自己内心太在意了。

不怕吃亏

问：我感觉自己太自私了，咋办？想改，又感觉改起来很难。好困惑。

学诚法师：帮助别人就是帮助自己，替别人分忧也是解决自己的问题。越想维护自己，越怕自己吃亏，离真正的福报越远。

"爱面子"不是"自尊心"

问:"爱面子"和"自尊心"有什么差别呢?

学诚法师: 自尊心,是自己尊重自己、自己要求自己,很多人搞错了,要求别人尊重自己,把这个当作自尊心。

面子,就是虚荣心,是自己幻想别人眼中自己的形象。在很多情况下,这是人身上套着的最沉重的一副枷锁。爱面子的人,精神上总是无比紧张,在意每一个小细节,竭尽全力取悦他人。追逐虚妄的荣光,就会迷失自己的本心。

格局越小,烦恼越多

问: 人与人相处难免会遇到自私自利,爱占小便宜,被人算计等烦事。面对这些情况时,如何处理才能让自己不至于被当作老好人,受欺负,同时也不影响互相之间融洽和谐的关系呢? 这个平衡点如何去找?

学诚法师： 与其常常担心自己被欺负、吃亏，不如多想想自己怎样去帮助别人、和合团队。格局越小，烦恼越多，左右为难；将心胸放大，很多问题都会化为无形。

为什么吃亏是福呢

问：经常有人说"吃亏是福"。为什么吃亏是福呢？如果是福，那又为什么会有"吃哑巴亏"的说法呢？

学诚法师： 吃亏是福，是指内心豁达之人，在遇到人不正当地争名夺利时，选择了退后；在集体遇到事情需要奉献牺牲时，选择了向前。之所以能够做到这一点，因为内心深处的价值观不是围绕个人的利益得失，而是为了更高的标准。

甘愿做、无怨言、不纠结、坦然欢喜，虽不求之，必积厚福；如果是被迫吃亏，愤懑不平、闷闷不乐，甚至怨天尤人，那不是积福，反而更加损福。

不是吃亏这件事是福，
而是有甘愿吃亏的心量

问：任何吃亏的事都是自己的福吗？吃亏了不去计较，会不会成就了别人的恶呢？

学诚法师： 不是吃亏这件事是福，而是有甘愿吃亏的心量，才能积累福德。真心想帮助别人断恶、改错而去"计较"，与为了维护自己的利益而计较，又是完全两种状态。

有甘愿吃亏的心量，才能积累福德。

什么叫"不见他人过"

问：我知道修行人不应见他人过失，不说他人过，是不是就是别人做错了也不应该跟他本人讲呢？比如听到看到别人骂人偷盗，不管不问吗？请师父慈悲开示！

学诚法师：不见他人过、不说他人过，是不要以烦恼心来面对他人的过失，说长论短，传人是非。看到别人做错事，好心劝勉，是应该做的，是善业（劝人要注意因缘时机、善巧方便，这是另一个问题）。

大部分人对别人的缺点很敏感，却对自己的过失视而不见；容易看不起、看不惯别人，却不容易看到别人的优点，从别人身上学到东西。为了对治这个毛病，所以强调"不见他人过"。

面对三观不同的人怎么办

问：面对三观不同的人，如何包容？

学诚法师：大的能包容小的，高的能包容低的，反过来就不行。

"隐秘他人之过失"对吗

问:《自我教言》有一句话说"隐秘他人之过失",有点不能理解,那包庇恶行岂不是绥靖政策吗?揭露出来不是能让其他人对他避而远之,不受其害吗?

学诚法师: 这是从自己发心和调伏烦恼的角度来看的,从无限生命中如何去利人来看,还要看现实因缘。一般人生活中的过失与会危害集体、危害社会的"恶行",也不能一概而论。离开了前提和背景,只看一句话,就会有问题。

该不该"喜新厌旧"

问: 当我们与任何人相处太久,都会开始注意到一些自己不喜欢的事情。当我们熟悉了某人或某物之后,就会变得不满足。这大概就是我们一直寻找新人、更换新人或喜欢新东西的原因! 身在远处的人,通常都比站在身旁的人更让我们欣赏。请教师父,这种心态该如何看待?

学诚法师: 这是我们习性中的病态,不容易看到别人的好处,却总是对缺点牢记不忘。老看人的毛病,人就容易越来越堕落。本来是别人的问题，被自己看到、听到、接触到了，还不断去观察，内心不断去想它，不知不觉就把问题接受下来，变成自己内心的障碍，慢慢就接受不了善法了。

人应该常常反省自己，向内用功，"若真修道人，不见他人过"。观功念恩也是一个很重要的修法。

看不惯某人所作所为的时候怎么办

问：看不惯某人所作所为的时候怎么办？

学诚法师：做好自己能做的。

做好自己能做的。

宽容是不讲原则、软弱可欺吗

问：宽容在对方看来是软弱可欺，引来更加得寸进尺的伤害，该怎么办呢？

学诚法师：事项上，可以采用合法合理的手段规避伤害，关键是自己内心如何面对。如果心中非常在意，耿耿于怀，那就是领纳了对方的恶意；如果当作清偿宿债，过眼云烟，那就不会挂怀于心。前者是真正的受伤，后者是真正的宽容。譬如两个小孩，或相争于玩具，或不让于言辞，甚至打斗起来，对于他们彼此，便是在互相伤害。若一个大人与一个小孩相处，不会与他争抢玩具，也不会在意他的冲撞，面对孩子的无礼，大人想的是如何帮助他改正。这样的心态，就是宽容。真正能忍辱，是强大的表现；相反，感到委屈、愤怒，正是因为内心不够强大。学佛，是让我们学习佛陀为人处世的方法，改变惯常的思维习惯，这样才能够收获不同的人生。

面对他人的责难，自己内心怎样看待非常重要。当成"为难"，就会对立、嗔恨；当作帮助自己进步的机会，就会冷静、平和。

学习佛陀为人处世的方法，改变惯常的思维习惯。

面对不厚道的人该怎么办

问：怎样才算是一个厚道的人？面对不厚道的人我们该怎么办？

学诚法师：坚持做自己认为对的事，不要被自己不认可的人和事改变。

自强才是最好的"反击"

问：被人欺负了怎么办？我们家有几个有钱的亲戚，总是喜欢说难听的话，甚至造谣诋毁我们。我由于胆子小加上老实，总是不作声，但是心里憋屈，最近总是胸闷气短。面对霸凌，应该如何处理呢？亲戚又是低头不见抬头见的人。请开示！

学诚法师：被人欺负与否不是重点，重点是自己有没有进取的目标、做人的方向？你在前进，旁人的诋毁和讥讽就只是落在身后的风；你对自己没有要求，心无处安放，那这些言语就变成了枪林弹雨。

不怕别人欺负，怕的是自己没志气、不长进。自强才是最好的"反击"。

因为心善，经常被欺负，
怎么办

问：我一直都不顺利，什么好事都离我差那么一点点；不管我怎么努力，最后结果都不尽如人意。就因为心善，经常被欺负，总吃亏。现在都怀疑自己有精神病了，我应该怎么办？

学诚法师：这一切都是自己的分析、判断。有可能错认了境界，因为自己最在意的事情没有如愿，就扩大到一切事情；更是误判了原因，归罪于善良。

软弱和善良是两回事，善良是一种信念，一种力量，一种眼光，一种选择。做事情不顺利，胆小怯弱、被动吃亏，是福德不足之故；不甘与怨愤，导致价值观混乱、内心迷茫，是慧力不足之故。

须先以正见扫除内心迷雾，让自己懂得行为处事的标准和价值，然后鼓起信心，欢欢喜喜地积累福德。真能这样去做，不出几年，命运就可以得到改变。可以读一读《了凡四训》《俞净意公遇灶神记》的故事。

不要看不起做得不好的人

问：今日与闺蜜三人一起聊天，当我提到其他朋友，并实话实说时，其中一位闺蜜立马想起别人的缺点，我就说了她有负能量。然而她们说我很装，说话咬文嚼字的，装成很高尚的样子，等等。我该怎么做呢？

学诚法师： 自己好好做，但不要看不起做得不好的人。

自信和傲慢心的区别在哪

问：我区分不清楚自信和傲慢心，感觉两者好相似。

学诚法师： 自信是相信自己可以，傲慢是觉得他人不行。人要有自信，但不应傲慢。

疾恶如仇好不好

问：请问，自己疾恶如仇有点严重，怎么办？

学诚法师： 疾恶如仇，出发点是好的，但是夹杂了嗔心；嗔恨本身也是一种恶。如果以正义的名义，任由这种恶去增长、蔓延，那就陷入另一个恶的轮回。真正要帮别人断烦恼、除恶业，首先要拔掉自己内心的烦恼，佛菩萨的利他与净化自己是相辅相成、缺一不可的。从平常生活的小处开始，修慈悲心，调柔激烈的脾气。

从生活的小处开始，拔掉内心的烦恼。

做事总期待别人表扬，傲慢心重，怎么办

问：请问，做事总期待别人表扬，傲慢心重，怎么办？

学诚法师：所求出了问题，痛苦就会连绵不断。好好审视、纠正自己的发心。

不要把别人之得当作自己之失

问：为什么爱嫉妒别人？请开示。

学诚法师：嫉妒，很大一个原因是把别人之得当作自己之失，这就是人心的毛病。其实，每个人都有自己的路要走，没有什么可比性；真正要比，是要看别人有哪些好处值得自己去学习。

如何能改掉妒忌心

问：请问如何能改掉妒忌心？真心希望身边朋友能一起很好地发展，可最近总是妒忌别人。

学诚法师：人不要与别人去比较。人生就像开车上路，可能这一段路两辆车并行，但其实来的地方不同，去的地方也不同，各自都走着自己的路。有时候你自己憋着劲要去比快慢、前后，别人可能毫无意识，而下一个拐弯大家就各走各的了，这样比较有什么意义呢？更用心走自己的路，更豁达地对待身边的人。

要跑在自己的路上，而不是和别人比高下。

见不得别人过得比我好怎么办

问：我恨一个人，见不得他过得比我好。怎么办?

学诚法师： 嗔恨、嫉妒会让人的心越来越小，最后让自己无处容身。这都是我们的心生病了。要治病，就要勤闻思善法，从更长远的时空来看待自己的生命，才能超越一切放不下、想不开、忍不了的心结与痛苦。

改变自己的所求，
才能从根本上解除痛苦

问：我总是会去跟身边的人比较，因为那些人得到了我无法得到但又很想要的生活。我会不停地比较，会觉得自己生活得不如意，不如别人。脑子里一直都在想着与我比较的这个人，很是痛苦。我也努力去对治，但是没有太大效果，内心的邪念、我执、自私还是很重。请师父开示。

学诚法师： 要改变自己所求的东西，才能从根本上解除痛苦。我们平常所希求的、恭敬的，都是外在的财富、地位、名誉、受用等，这些都是果相，如果自己没有具足相应的因缘是得不到的，再怎么比较、嫉妒都没用，就好比想求一座空中楼阁一样。要转而求因、种因，这些因是自己眼前能够做到的，这样身心才会安稳、快乐。因就是乐于布施、谦逊有礼、帮助他人、正直诚信等。

问心无愧，就是"完美"

问：如何看待"完美"和"缺陷"？我买东西，总觉得这有点瑕疵，那有条划痕，买了纠结，不买又后悔；或者对人对事瞻前顾后，错过了很多本来该有的机会。如何才能改善？

学诚法师：贪心重，总幻想还有更好的因缘，不肯接受当下。人如果总是排斥现在的因缘，总觉得还有更好的自己没有遇到，那就会永远生活在遗憾和悔恨之中：现在总是不满足，就会遗憾；错失了现在，将来又会悔恨。完美不是外在的，自己能把握好当下，问心无愧，让将来不为现在后悔，就是"完美"了。

让将来不为现在后悔，就是『完美』了。

决定我们苦乐的，就是对念头的取舍

问：我想断恶，可是心中充满了恨，天天诅咒。我也不想这样，可是总会想起一些事，忍着难受。

学诚法师：多想想别人对自己的帮助，自己拥有的一切值得感恩的东西，以及自己应该做些什么。决定我们苦乐的，就是对念头的取舍。

跟别人比较的目的
是为了提升自己的能力

问：我觉得自己太懦弱了，每当遇到比自己条件好、能力强的同事就会很自卑，心情就很沮丧。我知道这样不对，可就是一直存在这种负面情绪，压力很大！怎样能排除这种心理呢？

学诚法师：如果跟别人比较的目的是为了表现自己的能力，获得外在的肯定，那遇到比自己更强的人就会沮丧、苦恼；如果跟别人比较的目的是为了提升自己的能力，那遇到比自己更强的人就会高兴，因为可以向他学习。所求不同，遇境的心态就不同。

第四章

有愿力，一定有成就

如果有愿力，受苦就有意义

问：我总觉得活着就是受苦，很累很累的时候真不想再这么继续下去，我很怕自己某天就坚持不下去了。即便人死去，只是另外一个轮回，谁知道呢！但是目前的当下，真是让人难以忍受！

学诚法师： 如果有愿力，受苦就有意义，苦就不再是苦，而是生命的庄严。真正要做的，不是去忍耐苦、对抗苦，而是转变内心的知见。

因为缺乏愿力，
所有的问题都少了解决的推动力

问：我的弟弟今年二十二岁了，刚毕业，工作了一段时间后迷上了电脑游戏，常常是夜不归宿，或者是日夜颠倒。怎么开导也不听，母亲和继父都操碎了心，担心他这样下去会变成废人。还请开示！

学诚法师： 这是一个社会问题，不是个别问题。一是内心空虚、缺乏理想，找不到生活的意义；二是贪图享乐又不愿吃苦，在现实中找不到成就感，就到游戏中去找；三是缺乏自制力，明知道不好，却控制不了自己。这三者之中最为根本的是第一个，因为缺乏愿力，所有的问题都少了解决的推动力。而这个问题，唯有从自己内心去解决，外人的话是很难有用的。家人着急的心情可以理解，但劝导或批评效用甚微，反而可能把他越推越远。可以尽量创造一些境界，激发他的责任感。同时，自己要努力修行，带动改善家庭共业。

是方向决定了我们能做什么，而不是能做什么决定了方向。

正因为"没有想法"，
才觉得生活没意思

问：我没有别的想法，就是觉得活着没意思。

学诚法师：正因为"没有想法"，才没意思。人生需要有愿，生活才有意义。愿也有很多种，大的、小的，善的、恶的，染的、净的，远的、近的……不同的愿引导我们走向不同的方向，要去寻找和选择高远、清净、善的希愿处，让生命有光亮、有动力。

现在如何不是最重要的，
现在做什么才重要

问：出离心该怎么理解？作为一个失败的人，怎么才能对自己充满希望，充满信心？

学诚法师：出离心，是有比世间安乐更高的追求。因为看到了更好的，根本不会在意这些，自然就从中出离了；绝不是因为在世间失意而被迫"出离"，后者恰恰代表着对世间欲乐的在意和执着。

因缘一刻不停地流动，成功不能久驻，失败也不会停留。现在如何不是最重要的，现在做什么才重要。因缘流变的过程中，我们要抓住因，而不是永远追着果，在果相面前垂头丧气。

容易的事，人人都能做

问：您好！想请教您，我现在工作要做的事情特别多，有时候力不从心，因为公司只有我和另一个员工，老板有时候也不体谅，我们要做的事情太多了，他还会不停地催我们。我觉得好累，也觉得对这份工作失去了信心，总想着逃避或不干了。我该怎么办？

学诚法师： 容易的事，人人都能做；完成有挑战的事情，人才能成长。一直舒舒服服、轻轻松松，人只会越来越懒散，变成一摊烂泥。先把心力提起来，然后在工作中学会制订规划、提高效率、战胜困难，慢慢人的能力就锻炼出来了。

为什么发愿有用

问：什么是发愿？

学诚法师：生活中我们处处都在"发愿"，对于自己希望实现的事情，内心生起一个愿望，就叫"发愿"。发愿会产生一种牵引我们生命方向的力量，例如发愿考上好大学，就会努力学习。

改变命运的关键就在于愿力

问：您好！请问我们人来到这个世间的目的是什么呢？难道就是为了生老病死这个流程吗？

学诚法师：人来到世间，有两种情况：一种是被动的，由业力牵引；一种是主动的，由愿力引导。这两种情况的区别正在于自己对长远生命是否有目标、有方向，这个目标要自己去寻找、选择、坚持。明确了生命方向的人，会越活越有力量，越来越有希望。生命改变的关键，就在于愿力。

你的坚持，终将美好

问：感觉自己做事无法持之以恒，您有什么方法吗？

学诚法师： 坚持一件事，有几个原因：1. 对事情的价值很清楚；2. 有清晰的、切实可行的目标；3. 有一定的自控力（自控力可以通过刻意训练而增强）；4. 从中感受到快乐。

最后一点虽然很重要，但不应将此作为首要条件，很多事情都需要经过努力坚持以后，才能够感受到快乐。

生活中有成就的人，都是有愿力的人

问：请问，"发愿"究竟是什么意思？

学诚法师： 发愿，就是心里想去做什么事。学生要立志，企业要有愿景，职场人士要有事业规划，这些都是发愿的内涵。仔细观察，生活中有成就的人，都是有愿力的人。有愿，我们才不会被动面对生活，苦不堪言。

如果有人需要自己，
说明自己是有价值的

问：您好！周围负能量太多，家人工作的压力、自己工作的压力、生活的压力，都压在我一个人身上，不堪重负。请问该如何化解，谢谢！

学诚法师： 如果有人需要自己，说明自己是有价值的；如果没有人需要自己，没有事需要自己去扛，那自己的人生还有什么意义呢？佛菩萨扛起了众生的苦乐，所以自己成就了；家庭或工作中能够扛起责任的人，就能得到大家的尊重和爱戴，自己的生命也因此更完整、更饱满。

"化解压力"，就是改变思维方式，因为压力本就来自于自己的内心、自己的认识。换一个角度去想，这些都是自己应该承担的，内心不要排斥，压力就化解了一大半。

另外，不要急求改变。在困境中时，人往往容易执取不如意的点，把它放大，觉得自己无力处理，于是焦虑不堪。其实，生活中顺逆都是正常的，也都是无常的，我们只要认真对待每一个境界就好，不应执着于顺而恐惧不顺，一切事情都会因为因缘的变化而改变。

生活中顺逆都是正常的，也都是无常的。

愿要每天都发

问：如何提高愿力呢？我每次发愿后，都完不成。几次下来都不敢发愿了。

学诚法师： 要发大愿，然后设立阶段性目标。愿要每天都发，当作一个誓言来策励自己。正因为我们心力弱，才需要愿力来引导带动；若没有愿，自己的行为就更加散乱放逸了。设定目标要合理，不要一上来就拔得太高，然后尽力去达成它。每一次目标的实现，都会增长人的信心。

以苦为师，可以学到很多东西

问：您好！我天生体弱，总生病，非常痛苦，自艾自怜。我该怎么在心理上破除这种负面的情绪？

学诚法师： 把病苦当作佛菩萨特别的加持，以苦为师，可以学到很多东西。譬如人在苦中比较不会有骄慢心，而容易生起同情心；不会贪恋享乐，容易发起道心；常常受到家人的照顾，会生起感恩心。不要哀怨、放弃，不断种正确的因，未来会越来越好。

一双手要拿起别的时，
自然就会先把手里的东西放下

问：自己受到挫折，处在人生低谷，孤立无助，求救无路，怎么办啊？

学诚法师： 面对苦果，没关系，我们可以种善因；面对烦恼，没关系，我们可以培养智慧。放不下时，就先去提起——提起愿力，提起正见。一双手要拿起别的时，自然就会先把手里的东西放下。

放不下时，
就先去提起——
提起愿力，
提起正见。

怎样克服懒的习惯

问：怎样克服懒？

学诚法师： 当做一件不得不做的事情，或自己非常感兴趣的事情时，"懒"就不是问题了。所以，有效的方法是培养自己的宗旨和愿力。另一个方便的方法是，找到一群人一起做一件事，大家互相拉拔。

如何才能提起自信心和积极性

问：您好！什么方法才能有效对治懒惰这个大问题呢？如何才能提起自信心和积极性呢？

学诚法师： 修行人常说一句话叫"如救头燃"，如果自己头发着火了，还会懒散拖沓吗？另一个角度，如果做自己最喜欢的事情，或者商人面临一本万利的生意，还会躺在那里睡大觉吗？也就是说，要首先解决心理建设，对做这件事的必要性、重要性认识得非常到位。从"要我做"变成"我要做"，就不会懒惰了。这个心理建设也是需要一个过程的，要常常去思维体会，同时尽力培养勤奋的习惯。习惯养成后，不需要刻意提策，就能够做到。

幸福地生活是一种本领

问：幸福快乐地生活是一种本领吗？如果是，我愿意用余生 90% 的精力去寻求它。我想，用剩下的 10% 来过那种幸福快乐的生活应该就足够了吧？想过得幸福快乐，是不是其实不必那么用力就对了呢？

学诚法师： 放下执着，感恩生活的当下，就是 100% 的幸福。

愿力决定始终，智慧决定成败

问：我是一个刚自主创业不久的人，但现在却没有了当初的那股闯劲。别人都是越干越有劲，我则相反。可能是外面的现实让我处处碰壁，难道是我太年轻了吗？请点拨。

学诚法师： 愿力决定始终，智慧决定成败。既要有坚持，又要有智慧，如此便无往不胜。

中篇

精进之道

第五章

存好心，
说好话，
做好事

与其担心得罪人，
不如多担心自己说话做事会造什么业

问：我办年卡时健身房经理故意不告诉我有周末卡，只说有每天都可以去的卡，结果我多花了很多钱。今天遇到一个朋友要办卡，我就给朋友打电话提醒她。但事后很担心朋友讲电话被健身房经理听见，给自己惹麻烦。请问，我是否应该提醒朋友？我总担心得罪人，这种烦恼怎么对治？感恩！

学诚法师：人要找到自己说话、做事的标准，想清楚后再做。既不要不经思考地说话做事，也不要随便怀疑自己的言行。与其担心得罪人，不如多担心自己造了什么业。

与人沟通，不是要去说服别人

问：怎么与人沟通交流？怎么可以让人欢喜而不烦恼？和别人在一起时间长了就反感，怎么办？请指点迷津。

学诚法师：放低自己，多为人着想。与人沟通不是要去说服别人，而是要去了解别人。对人不批评，不挖苦，不找人麻烦；要多观功，多随喜，多乐于助人。

与人沟通不是要去说服别人，而是要去了解别人。

想抬杠总能找出理由来

问：是否任何人和事都不能怀疑？不管什么人说任何事都全盘接受，确信无疑？恳请开示。

学诚法师：要去领会说话者的意趣，否则永远会纠缠在自己的妄想烦恼中。要明白即使佛说的话，想抬杠总能找出理由来，因为佛法都是针对不同缘起的对治法。自己的发心先有问题了，看问题的角度也是片面和偏激的，这样再好的法对自己也没有帮助。

"狮子不会因为
别人说它是狗而变成狗"

问：我总是特别在乎别人的言论，一有人说我的坏话就会很心慌。明知道不应该去在意，又忍不住地想。怎么才能不在意别人的言论，放下对"我"的执着呢？感恩！

学诚法师：你和别人眼中的你是完全不同的。同样一个人在不同人心目中的形象可能差别很大。正如"狮子不会因为别人说它是狗而变成狗"，别人的看法绝不等于真正的自己。

当去在意他人的言论时，就是在追逐他人心目中自己的形象，这是不可能做到的。他人的看法本身就是一个自身观念折射出来的影子，自己还想去抓住这个影子，以妄逐妄，心就会很累，苦恼不已。面对别人的评论、建议，应"有则改之，无则加勉"，透由他人的反馈来更清楚地认识自己。是自己不对就改正；别人说错了，也可以警醒勉励自己不要犯这样的错误。这才是真正的自尊自爱，而不必去执着他人的好恶或烦恼。

不会好好说话，极损福报

问：我一和人吵架就会说讽刺别人的话。每次说了就后悔，但有时候还是控制不住自己。我明白这种刻薄做人极损福报。但反反复复，不知道该如何是好？

学诚法师：训练自己多说好话、赞叹别人的话、感恩别人的话。当然，要真心实意地去说。

"君子争罪，小人争对"

问：您说"君子争罪，小人争对"，可是我们不用保护自己吗？

学诚法师：心安住善法，多造善业，就是对自己最好的保护。

如说而行，
如行而说。

人与人之间，若非善缘即是恶缘

问：请问如何理解人与人相克之说？

学诚法师：佛法中没有"相克"的说法，人与人之间若非善缘即是恶缘，无论是哪种因缘，今生我们都应该以善相待：善缘令它增长，恶缘令它消除，乃至更进一步，都转化为一起修行的法缘。环境应该"依正不二"——自己是什么样的人，就能拥有什么样的环境；福地福人居，而不是倒过来。

不要用自己的标准去要求别人，
也不要看不上不如自己的人

问：到了新单位，和你相关联的人业务差又混日子，上级领导又不懂专业和管理，之前工作效率较低。而你想以个人的工作能力、激情以及人品做一些事，以实现自己的个人价值，但在现状下又施展不开手脚。既怕愧对老板，又怕太积极会引起他们的小心眼，该怎么办？

学诚法师：认真做事，宽厚对人。不要用自己的标准去要求别人，也不要看不上不如自己的人。工作之外可以和同事多结善缘，去发现他们的闪光点。

日行一善，心想事成

问：怎么通过行善来过一个更有意义的人生呢？如何做到日行一善？请指点！

学诚法师： 微小的善业，随处可做。地上有一片垃圾，捡起来扔进垃圾箱；把路上的石头移到旁边，以免骑车的人绊倒；坐电梯多等等后来的人；为快递小哥倒一杯水等等，都是善行。留心，用心，发心。

留心，用心，发心。

怎么样才能让自己每天开心起来

问：怎么样才能让自己开心起来，能让自己对外面的世界保留一丝美好？

学诚法师：多留心观察生活中美好的、温暖的地方，学会感恩。比如每天早上出门时，对辛苦值班一夜的小区保安露出一个微笑。不是要等待别人对自己表达善意，才能感到世界的美好，而是自己去付出、去感恩时，才有了接收阳光的能力。

命运是由人的起心动念、行为语言决定的

问：在一家卖水晶等吉祥物品的商店里，店员根据我的生日说我结婚后老公容易不忠心。请问这种说法可信吗？

学诚法师：信与不信是人的心理作用，然后这个心态又会决定人的状态。命运不是由出生日期决定的，而是由人的起心动念，以及根据念头所引发的身语行为决定的。想要趋吉避凶，就要从心开始，行善断恶。

有时候，睡一觉就好了

问：每当身体特别疲倦的时候，内心总容易伤心难过；总觉得是消化不了工作和生活所累积的负面情绪，对现状的失望、着急。真的对自己没信心，烦，烦，烦。

学诚法师：有时候，睡一觉就好了。一觉醒来是新的一天，也是新的自己，不要再用执着的心去看待生活。任何境界不要去求外在如何，而要回归自己的心，看自己的心是否清净、善良，一念一念在心上努力，种下的都是善因，未来的结果自然就是好的。

内心极其自卑怎么办

问：我是一个内心极其自卑、自卑到自我分裂的人，沉迷在自我怀疑、自我否定的思维中。请问，该如何培养出真实的自信心？

学诚法师：先找一找自己的优点，看一看自己所拥有的。

为什么爱患得患失，怎么办

问：我总是很在意别人的眼光和评价，尤其在人际交往当中，自己的快乐与痛苦几乎都是由别人的回馈决定的。表现好的时候总是急于让大家都知道，表现不好的时候内心会产生自卑，患得患失，感觉生活得很累。请开示，我该如何应对？

学诚法师： 因为我们自己内心没有真正的自信、自尊，没有目标与方向，所以就会把安全感和成就感寄托在他人的评价上，把快乐建立在一个海市蜃楼上，苦苦追逐。外在飘忽无常，人就疲惫不堪。而且越是往外追，内心的空洞越大，迷茫越重。人要找到自己的方向、自己的理想，向内去充实成长，让自己发光，而不是求外在打光。

向内去充实成长，让自己发光。

各人有各人的福报

问：俗话说："人在屋檐下，不得不低头。"尽管遇见不舒服之事，我尽量心平气和，但事实上没那么容易，内心还是难以接受被蔑视、被压制。遭受羞辱是我罪有应得吗？我该换工作，跳出这一困境吗？为什么我坚持温良恭俭让却不顺，别人蛮横霸道却升职？！

学诚法师： 各人有各人的福报，我们痛苦的原因是内心的分别、比较、落差，进而对自己的行为产生怀疑。换工作只是逃避这个境界，并不是真正解开了内心的烦恼。俗话说"人比人，气死人"，一有比较，我们内心就会不平衡，种种烦恼就都生起来了。勤心修福，要看自己的心，不要急求果报。

各人造业各人了，各人吃饭各人饱

问：有些人故意做出一些损人不利己的事，而他们往往道貌岸然，我心里不是滋味。怎样心里会好受一些？

学诚法师： 不要让"别人做了什么"成为影响自己

的最大因素，要多想想"自己该做什么"，把心放到管理自己的行为上来。各人造业各人了，各人吃饭各人饱；也只有先把握自己的业，才能去帮助别人。

把内心如一团乱麻似的
烦恼全部写出来

问：您好！当人觉得干什么都提不起精神，身处的工作环境压迫得自己喘不过气来时，怎样才能得到解脱？此时我混沌茫然，耗尽心力，毫无成就感。怎样才能慢慢积蓄力量，朝气蓬勃地去生活？请师父指点一二！

学诚法师：如果我们总是去排斥自己正在做的事，那心的忍耐力就会变得很小，甚至什么事情都没发生，自己就能感觉到逼迫和压抑。给自己一段时间，把内心如一团乱麻似的烦恼全部写出来：什么事情让你心烦，你心里是怎么想的，要怎么样你才能满意。写完后，自己一条条去看，哪些是现实的想法，哪些是情绪。好好去分析，什么是果，什么是因；自己起了哪些烦恼，应该怎么去思维、种因。

怀才不遇怎么办

问：看着成功者志得意满，自己却总是碰壁，郁郁寡欢，总感觉怀才不遇，不得志，怎么办？

学诚法师：怀才不遇是自己福德因缘不足，不能归罪于外在。如果怨天尤人，内心充满不忿，只会更损福报。"行有不得，反求诸己"，不要与外境对立，反省自己的身心行为，好好改进。因缘不到时，就沉下来努力，增长能力，培植福德。不可急功近利。

别人不帮你是正常的

问：在遇到困难的时候总觉得父母不帮助自己，觉得委屈。请开示。

学诚法师：不管对父母还是朋友，快乐的秘诀是建立一个心理认识：别人不帮你是正常的，帮助了是值得感激的。万不可以为别人帮自己是理所当然的。怀着这种想法，别人帮了你，你也不会高兴，说不定还会嫌帮得不够；别人不帮你，更是一大堆烦恼，哪里还会有快乐呢？

行有不得，反求诸己。

人和人之间没有可比性

问：最近发现不管自己怎么努力，还是不能达到想要的目标，而别人却可以轻松达到。虽然朋友可以有这样的成绩我也很高兴，我也知道是自己以前没有种好善因，才会有今天的果。我也清楚现在的我要好好修行，为未来种善因。可是我现在还是很痛苦，不知道为什么？

学诚法师：因为内心还是没有深信因果，还是不由自主在结果上跟人比较，因而失落苦恼。比如一个三个月婴儿的妈妈，会去羡慕两岁大的孩子会说话、会走路吗？当然不会，因为没有可比性。其实人和人之间都是这样，不同的因缘、不同的起点，是不具备可比性的。所有境界要回到自己内心去认识，让现在清净圆满，未来就一定会好，这才是认识问题的角度。

无论好坏，
都不要去评论别人的因果

问：善有善报，恶有恶报。可现实是恶人竟然运气很好，而好人却做了炮灰！好人被伤得体无完肤，恶人却站上高地。是佛错了，还是好人错了呢？

学诚法师： 其一，先搞清楚善恶的定义。"好人""坏人"一分为二地判定，不全面，也失于理性。其二，业果的实现有时节因缘，绝非只看一时一事。

对于别人，我们的所知是非常少的，看不到别人的发心，看不到他的因缘，也不知道他的过去。所以无论好坏，都不要去评论别人的因果，管好自己。

因果，绝非只看一时一事。

有福报的人更有条件造恶业

问：您好！有两个问题不解。第一，现在的社会，往往都是有权有势的欺压无权无势的。第二个问题，善良质朴的人要经历一些人生的挫折和苦难，为什么很多时候有钱人家的人却舒舒服服过这一生？这些从因果讲怕是不公平吧。恶人要等到来世报应，可哪里有什么来世和前世。我总觉得都是骗人的，因果报应很多都是不公平的，努力的不一定有回报，不努力的钱多，回报丰厚。您说这公平吗？希望您替我解忧。

学诚法师：每个人内心都有贪嗔痴，当外在的条件便利时，烦恼就容易被引发出来；烦恼越重，内心的善良就被覆盖得越深，所以并不是恶人受乐、善人受苦，深刻一点说，是有福报的人更有条件造恶业，而缺乏福报的人没有机会罢了。如果缺少真正的智慧引导，一旦有条件了，也控制不住自己的欲望和烦恼。

因果，从因到果的成熟，需要必要的缘，时间是极为重要的一个缘，眼前所受的果与种的因是两重因果，所以人常常被迷惑，看不清真相。比如年轻时不注重保养，老了受苦，需要几十年才能看到。福报与之相似，有福报时肆意而为，造很多恶业，此时感觉很痛快，其实现在享受的是过去善法的果报；当下种下的却是苦因，等到善的果报享尽，苦的种子长成时，就只能被动接受苦果。

这在佛法中被称为"三世怨"，是只积福而不懂修慧的结果。所以，这不是显示因果的不公，恰恰是因为人看不清因果，才会有如此可叹可惜的循环。所以，我们一定要福慧双修，积累福报与心灵成长必须并重，人生才能可持续地进步。

"好人得不到好报"
是一个假命题

问：请问，为什么有的时候好人得不到好报？人性丑陋的事情这么多，为什么我们还要正直、善良、利他？

学诚法师：1."好人得不到好报"是一个假命题，因为我们对一个人的了解是肤浅片面的，更谈不上三世因果了。每个人都造过无数的业，有善有恶，哪一个业先成熟，就感什么果报。因果毫厘不爽，只待因缘成熟。

2.人性有丑陋的一面，也有美好的一面，慕善惭恶是人的本性，也是真正得到快乐的途径。

"衰后罪孽，都是盛时作的；
老来疾病，都是壮年招的"

问：您好！有个问题我很困惑，如果有些人很有福报，那他这一生就不会受恶报了吗？或者他一边作恶，一边作善，如果作善始终多于作恶，那他这一生也不会受恶报了吗？

学诚法师：人无数生以来，在生命中积累了无数种子，有善有恶，当因缘和合时，就成熟感果。我们当下的念头和行为，对于未来是新的种子，对于过去的种子则是感果的缘，烦恼恶业会引发恶的种子成熟，智慧善业会引发善的种子成熟。

有福报的人，好比身体底子很好，抵抗力很强，不容易生病。但仗着身体好不注意保养甚至乱来的话，等到抵抗力下降时，病就找上门来了。人有福报的时候，可能感受不到什么苦，但恶业的种子还在，并没有消失；一旦福报耗尽，恶业成熟，就逃不掉苦果。正所谓"衰后罪孽，都是盛时作的；老来疾病，都是壮年招的"。

善恶是不会抵消的，会分别感果，不是说善业多于恶业就可以了；只要造恶业，就在生命中埋下了隐患，总会爆发。更何况，人没有经过长期系统的修行时，很难控制自己的心念和行为，想勉力少造恶业多造善业都很难，绝不是像你想象得那样简单、理论化。就好比一个人一边锻炼身体、注意养生，一边又保持会损害健康的坏习惯，这是不合理的，你如何保证身体永远在自己掌控之中呢？

不在因上努力，
怎么可能有好的结果

问：弟子妄念多，写个毛笔字都能看到自己的好多念头。妄念来了怎么办？恳请开示。

学诚法师：不要纠结妄念，只管好好培养正念。很多人总是说"我这个做不到，那个做不到，烦恼妄念一大堆怎么办"。你要去努力，要去闻思，建立正知见，灌溉培养正念才行。不在正面的方向努力，不在因上努力，怎么可能有好的结果？

被信任的人欺骗怎么办

问：请问，一个人该如何面对孤独？尤其是被信任的人欺骗，被珍惜的人遗弃，缺少朋友爱人……产生对自己价值的怀疑和否定，以及对孤苦一生的惶恐。如何能在孤独中专心过好自己的生活？

学诚法师： 自我的价值在于当下种了什么因。如果曾经被欺骗、遗弃，深受痛苦，那么就要多种诚实、信任、接纳、助人的因，因果绝不欺人。

你心里是冰，就处处都没有温度

问：人与人交往的意义到底是什么？参加亲人朋友的婚丧嫁娶是为了自己到时候也有人捧场和祝福吗？我做不到真心祝福，只是为了人情世故而已。我很不明白，别人结婚、生孩子和我有什么关系呢？我的这些事情从来不需要别人参与，也不想收什么礼金。

学诚法师： 我们把众生叫作"有情"，人与人之间有着千丝万缕的联系。外在是习俗、人情，关键还是自己内心的观念和感受，你心里怎么认为就是什么。你觉得是负担，就是负担；你觉得是情面，就是情面；你觉得是友谊，就是友谊。你心里是冰，就处处都没有温度；你心里有光，才能看到别人的闪亮。

听闻、修善、调烦恼、断恶，智慧福报就在一天天增长，灾祸就在一天天远离。

为什么懂得很多道理，却依然过不好这一生

问：我有个困惑，为什么懂得很多大道理，却依然过不好这一生？

学诚法师：因为道理是道理，自己是自己。所谓"懂得"的道理，是别人总结出来，自己听懂的跟自己思维得到的、生活中落实运用的，是两回事。

听了很多道理，却从未真正纳入心灵。犹如病者空负药囊，却从未吃药一样。

我们特别容易因为自己"做不到"就放弃，甚至觉得道理都是空话。其实不是方法的问题，是功夫的问题；每一个"做到"的人，都是按照这个道理实践过来的。把道理当作"空话"的人，没有完整走完从因到果的过程，所以做不到；把道理当作教导锲而不舍去实践的人，才能够做到。

第六章

没有一次成功
不是在痛苦中
完成的

如果一个人看周围的人都有不是，
那最该反省的就是自己

问：在单位上班三年多了，因为心直口快又胆小怕事，总被人压制，一直在隐忍。现在感觉受够了，不想再忍了，该怎么办呢？势利小人太多，该怎样应对呢？

学诚法师： 团队中最受欢迎的是有能力没脾气、行为超过语言的人，最不受欢迎的是没能力有脾气、行为跟不上语言的人。如果一个人看周围的人都有不是，那最该反省的就是自己。提升自己胜过指责别人千万倍。

不要以为
一个人单枪匹马就能成事

问：有的时候我发觉身边的人都很蠢，有些人天生智商不足，导致工作的时候他们总是拖我后腿，我应该耐心提醒他们还是杜绝和他们来往呢？

学诚法师： 降伏自己的慢心，不要以为一个人单枪匹马就能成事。

如何从"异类"变成"卓然不群"

问：我们往往很容易被世俗的大流所淹没，而找不到自我，我并不认同这样的生活。可是，没人能听到我的声音，会让人觉得我不合群、不随众，我就是异类。请问该何去何从？

学诚法师：异类不可怕，关键是自己有没有信心、有没有力量。如果自己是一个很强的人，那么"异类"就变成"卓然不群"，人们才能认识到你的价值。其实，真正对自己的路有信心的人，并不在乎别人会怎么看。

你既不能认同别人，却又希望别人认同你，自己力量又不足，所以感到矛盾和艰难。

如何强大自己的气场

问：周围的人都说我缺乏气场，可能是感觉我不自信。如何强大自己的气场呢？是我的心不够强大导致的，还是缺乏福慧呢？

学诚法师：气场就是业力。你造了利益大家的业，大家自然会尊敬拥护，所谓"德高望重"。好好修自己的"德"，身语意勤修善业，殊胜果报不求得。

上班前老是焦虑，各种害怕怎么办

问：我上班前老是焦虑，各种害怕，身心俱疲；下班了也会各种回想，想哪里没做好。有时还会心跳加快，每天都不是很开心！老是会想着又要去上班了。如何调伏？请开示。

学诚法师： 你没有把上班和自己的生活结合起来，而是一种对立的状态。上班变成一件没有意义的事，只是为了生活而不得不去做，因此人的身心在当下就是分裂的；心不能安住于自己的工作（因为它只是一个过程、一个代价），也就越来越厌倦和疲惫。要发掘、重视当下的意义，为自己的行为找到价值，人才会感到充实和快乐。

事来则应，事去不留

问：我最近工作上承担的事务太多，内心意识到周期性崩溃又快到了。好希望这次能不崩溃，不知怎么办。求助！

学诚法师： 事来则应，事去不留；手中事多，心上事少。做事的时候专注眼前一件事，不要想着做过的事，也不要想着还没有做的事。

想法决定心态

问：您好！我长年累月在一线工作，而我的上司大部分时间在外面开会。一方面我很感谢上司给我锻炼的机会，另一方面又觉得委屈，因为上司经常不在，所以我很忙，无论是陪家人还是自己的事情都因为忙而受到不同程度的影响。我觉得自己成了上司的工具，因而内心很委屈。如何调节这种心态？

学诚法师： 这都是自己想的，为什么不去想这是他对你的信任呢？如果上司事事都管着，你又会觉得没有发展空间。反过来说，如果自己是上司，是否也希望有个能独当一面的下属，可以与自己很好地配合呢？

想法不同，感受就完全不同。许多委屈都是自己先设定了一个情景，然后把它当作真实情况去展开联想，引发种种烦恼，越朝这个方向去想，就越觉得是真的，矛盾就这样在心中埋下了，猜疑越来越多，沟通就会越来越少、越来越难。

不要想这么多，该做什么就好好去做。有事需要请假时，也坦然提出。

真正的心安是不求他人肯定

问：我这半年来在公司做事主动积极，不管是不是自己的事情，能做的都做了，可感觉自己的身体能量下降了。而且别的同事也不会记得我的付出，老板也看不见。

学诚法师：心里有所期待就会有包袱；有执着就越来越累。要记住：真正的心安，是不求他人肯定。

是否要回击没教养的小上司

问：一直以为自己能释然工作上的不愉快，但一直被纠缠很伤自尊，回击一个没教养的小上司是修养不足还是必须？

学诚法师：自尊，是自己尊重自己。是向智者看齐，还是与愚者为伍？心中希望自己成为一个什么样的人决定了自己的行为。

对方不守承诺怎么办

问：对方不守承诺怎么办？

学诚法师：世事无常，再去想"当初"、责怪不守承诺的一方，都是收效甚微的，只会不断增长内心的怒气，对自己伤害更甚。

不管是谁的错，现在自己应该做什么才是重要的。事情没有偶然，对方固然是有过失，但自己也有前因。所以不管发生了什么都不以烦恼应对，而回归到自己当下的心念和行动上。要让未来决定现在，而不是让过去决定现在。

对同行要多观功念恩

问：由于自己做事太主观太强势，给别人以及团队带来了很大的烦恼和困扰。事情还是要继续，弟子应该怎么办呢？结不知道从哪里开始解。

学诚法师：调伏了内心的烦恼，事项上的分歧就容易解决。对同行要多观功念恩，多包容。

少去想"别人为什么会这个样子"，
多去想"我应该怎么做"

问：为什么工作后感觉最大的挑战是与人交往？好迷茫。

学诚法师：少一点心去想"别人为什么会这个样子"，多一点心去想"我应该怎么做"。时时刻刻把对的、善的放在心上，凡事从自己出发，多要求自己，多感谢他人。

别人怎么样是别人的事

问：如何消除对周围人的嗔恨之心？工作环境中总会出现那么一个让我很讨厌的人，因为我觉得她嫉妒我，我买什么，她买什么；我买的东西她都说不好。这种人是不是很招人讨厌？聊天的时候还喜欢对别人指指点点，其实根本不懂别人的生活。

学诚法师：别人怎么样是别人的事；自己怎么做是自己的事。今生能够在一起都是有缘；不管别人怎样，自己要结一份善缘。

"把别人的事当自己的事办，
把自己的事当别人的事办"

问：我这个人总是患得患失，做事犹犹豫豫，明知是小事，却不能干净利落地放下。请问怎么做才能让自己心胸开阔，更随性一些呢？

学诚法师： 把别人的事当自己的事办，把自己的事当别人的事办。

世上没有任何事
是可以让所有人都满意的

问：我在一个注重销售结果的公司任职，我喜欢这份工作，同时也想把结果做好。有很多途径可以做出结果，我的内心却总想达到一种令所有人都满意的状态，包括客户。可是我的能力达不到。很想改变自己，但别人的销售模式又学不来，并且我很讨厌引导型的销售模式。怎么办呢？

学诚法师： 世上没有事情是可以让所有人都满意的。以结果为导向，也有一时的结果和长远的结果之分。不管怎么做，都要以内心的善为出发点。

没有一次成长不是在痛苦中完成的

问：工作中自己不是个聪明伶俐的人，平时挨个骂很正常。以为活得够二了，可偶尔碰到某个点上，还是很委屈，今天就被领导数落了两句，之前都没有过，伤心。

学诚法师：绝大部分人的成长都是在痛苦中完成的；如果一切顺心如意，我们就会被这温柔的陷阱麻痹。不要害怕境界，要怕自己没有法。

绝大部分人的成长都是在痛苦中完成的。

即使大多数人都赞美你，
讨厌你的人依然会讨厌你

问：在工作中，被一个不是我的主管的领导经常刁难和阻挡仕途的发展，很痛苦，很压抑，很难平复心境。请开示。

学诚法师：如果他说得有理，那就努力去改善自己；如果他说得无理，大家都会看得分明。每个人心中都有一杆秤，有人毁谤时，信任你的人依然会信任你；反过来说，即使大多数人都赞美你，讨厌你的人依然会讨厌你。他人的好恶不足以作为我们生命的准绳，而决定自己苦乐的根本在于心中在意的事情。

上司对我不公平怎么办

问：心中总是怨恨上司不公平，如何消除这种心理？

学诚法师：吉凶祸福，是天主张；毁誉予夺，是人主张；立身行己，是我主张。他人做什么、如何做是他人的事，我要做什么、如何做是我的事。

积累福报，
这是任何人都无法抢走的

问：我做销售，新来的总监为了在老板面前做出成绩，竟然动我客户的脑筋，我该怎么做？

学诚法师：以宽厚心、诚恳心、利他心对待一切人、事，积累福报，这是任何人都无法抢走的。

把别人的讥讽当真，
你就输了

问：最近工作不是很顺，有人就对我的婚姻问题、工作问题各种讽刺挖苦，我非常在意她说的那些贬低我的话，虽然知道不应当理会，可真的心里着实在意。请开示！

学诚法师：别人的讥讽，只不过是她的看法以及一串出口就消失的音节；如果自己不紧抓这些信息塞到心里去，反复回想，又怎么会堵得心累？当真，自己就输了。

以宽厚心、诚恳心、利他心对待一切人、事。

如何突破事业瓶颈期

问：弟子如何突破事业瓶颈期？生活压力很大，经常心有余而力不足！

学诚法师： 迎难而上。

自己不爱说话，
并不代表擅长表达的人有错

问：在职场里，为人处事成熟圆滑是重要的。有时候，工作能力再强，再认真努力，也比不上一张能说会道的嘴。但是我天性寡言，想事情也较单纯，待人虽然不冷淡，但是不太会和人主动亲近，所以很多时候有种被孤立的感觉。我觉得是我的性格使然，很难改变。您说我该怎么办呢？

学诚法师： 因为自己天性不爱说话，出于自我保护的心理，于是高估"不会说话"与"能说会道"的差别，把自己置于"受害者"的假想之中，并进一步对善于说话的人产生了对立，心底里贬低、排斥。这样，无形中就竖起了一道内心的高墙，让自己感到孤立。其实，你喜静，并不代表爱好热闹不对；你不爱说话，并不代表擅长表达有错。对自己更有勇气和自信，也要有力量去包容和欣赏别人。

公司钩心斗角的环境让人烦恼怎么办

问：我平时是个与世无争的人，但目前所在的公司环境钩心斗角、尔虞我诈十分严重。我想躲都躲不掉，非常烦恼，不知如何是好，还请开示。

学诚法师：对事不对人，简单一颗心。

要不要跳槽

问：最近有个烦恼，我正在做的这份工作挺稳定的，但发展空间不大。有另外一家公司想邀请我去做管理人。我在纠结是留在这个舒适稳定的环境，还是出去闯一下呢？

学诚法师：不同的抉择，各有利弊，不要贪求两全其美。找到自己最想要的东西，才知道怎么选择；最忌为了改变现状而改变，却不知道自己要去向哪里。

工作不如意怎么办

问：我最近觉得这份工作哪哪都不如意，也想过辞职但又没有强大的动力。每天上班都很纠结痛苦，一想到要上班就一万个不如意。我该如何调整自己，克服这种情绪？

学诚法师： 情绪和烦恼在心中，就好像有色眼镜一样，透过它看什么都成了烦心事，把一切好的都过滤掉，一切不如意都收进来。冷静下来仔细想想，自己排斥的是什么？希望的是什么？这份工作不如意之处有哪些？又有什么好处？不妨用笔一条条详细列出，分清哪些是烦恼的夸大，哪些是事实，哪些是自己的过分要求，哪些是自己能改变的。

情绪和烦恼在心中，就好像有色眼镜一样，看什么都成了烦心事。

如何对待做错事又不自知的人

问：同事总是做错事，好意提醒却被她当成讽刺，最后竟然把责任都推到我的身上。曾经想过要小手段陷害她，但转念又想自己怎能起害人之心？我应该怎么对待她？

学诚法师： "见贤思齐焉，见不贤而内自省也。"别人做得不对的地方，就把错误放大给自己看，警策自己不可犯同样的过失。听不进批评、推卸责任，这些都是人常犯的毛病，自己身上或许不明显，但并不代表没有。把同事当作镜子警诫于心，时常反省。

被别人贴了"标签"，
自己就不要再贴了

问：被人误会了，心里很难受。我该怎么办呢？

学诚法师： 如果别人给自己贴了不真实的"标签"，那么自己内心就不要再去贴上"你误会我"的标签了。如此重重无尽，误会只有越结越深。问心无愧，坦然面对就好。

"闻誉恐，闻过欣"

问：工作上遇到些问题，我已经反思自问，想积极应对，但被领导单独找谈话，施加压力。我现在很不好受，肚子里有一堆埋怨委屈的话。老公说我是一个受不了别人"批评"的人，只爱听"好话"，是这样吗？

学诚法师：受到批评后感到委屈，下意识地把问题推给外境，是我们无始以来自我保护习气的表现。普通人都是"闻过怒，闻誉乐"，因为我们执着、爱惜自己；要能够"闻誉恐，闻过欣"，我们才能在挫折中进步，在问题中成长。

自己不求，
也不要看不起求的人

问：我周围的同事每天都在为了评职称而拼搏，我自己对职称没兴趣，倒像很不上进似的。我只想好好提高教学水平，可为什么心里乱乱的？

学诚法师：有时候，我们信心很虚弱，就会担心自己不去争是不是吃亏了，是不是不上进了；有时候，我们又看不起周围的人，觉得他们争名夺利太庸俗，内心很排斥。这些都不是如理思维，都是烦恼。真正对人生有信心，内心不会纠结矛盾；自己不求，也不要看不起求的人。

不要随随便便去揣测他人

问：人为何总是猜测别人的想法？这让我很困惑。我总爱把事情想得很坏，然而每每有了结果，却常与我所想相反。我该如何摆脱猜想带来的痛苦？

学诚法师：在日常生活中，我们常常把自己所看到、了解到、感知到的部分内容当成全部，去下结论，去衡量别人。本来我们认识就不全面，再加上烦恼与情绪，看待问题就更加偏颇了，全是妄想。这就需要建立内心清明、正确的行相。先从认识自己的烦恼开始，不要随随便便去揣测他人。

与其心存怨气与不甘，
不如踏实积累自己的福德与人缘

问：我有一个问题。比如初到一个单位，发现自己的上级领导各方面都不如自己。但是他会在老板面前刻意表现，并且把别人的成绩说成是他自己的。做事假装并且端着架子，自己不懂还想说了算，让人感觉很不舒服。该怎么处理？

学诚法师：人都是有烦恼的，这很正常。改变不了别人的烦恼时，就努力做好自己。与其心存怨气与不甘，不如踏实下来好好积累自己的福德与人缘。也不要去看不起对方，心生嗔恨。正是因为有种种烦恼，我们才陷于这个娑婆世界，自己也是一样，所以要赶快努力修行。唯有如此，才能让自己从不好的境界中超越出来，然后再去改变这个境界，如莲花从污泥中长出，回报以清香。

做人讲人情，做事讲原则

问：如何持有威严？我的性格简单、平易近人，凡事想得也单纯，不愿高高在上摆架子。这两年也因为这性格吃了不少亏，员工都知道我心软，作为公司创始人我很纠结。平易近人，员工不怕我，影响团队建设；高高在上，又不是我的处事方式。我希望人和人之间平等尊重、真诚待人，但是事与愿违，我应该如何做呢？

学诚法师： 做人讲人情，做事讲原则，不要混淆。

越是受刺激后反应大，别人就越是会炫耀

问：同事们经常在我面前炫耀，自己内心总是被激起怒火；想控制，有时却按捺不住。怎么办？

学诚法师： 越是受刺激、反应大，别人就越是会炫耀。如果自己平淡如水、毫不在意，对方也就不会再来讨没趣了。慢慢修，提升自己所求的境界。

不要把自己的
不如意归罪为老实善良

问：步入社会后，就会发现越善良越会被利用，那些欺诈的人反而一帆风顺。我该如何做，请开示。

学诚法师：不要片面看待问题，把自己的不如意归罪为老实善良；也不能目光短浅，只看一时的荣辱得失。人要善良，也要有智慧。要多看好样子，少看坏样子，懂得反省自己的不足，调伏内心的烦恼，不要怨天尤人。这样才能真正种善因，积福德，感乐果。

生气不如争气

问：生活、工作中会遇到让自己很气愤、很讨厌的人和事，比如受到欺负却没有适当还击，受到不公平对待等等。可是明明已经过去的事了，却总是在心里反复想，每次都让自己很生气，甚至没心思认真做事，该如何是好？

学诚法师：生气不如争气。自己不提升能力、不改变业力、不增长福德，再怎么生气还是一样会遇到这些事。

提升能力，
改变业力。

从自身去加强，胜过想改变别人

问：最近因为工作的事很是烦恼。我是一个部门经理，下面有位同事无论布置什么任务她都有意见，但只要见到总经理她就很卖力。我曾找她谈话，也批评过她，但不管怎样，她还是那个状态，我很无奈。该怎么办啊？

学诚法师： 反过来看，是自己德行不足以服人，业缘不足以近人。从自身去加强，胜过想改变别人。

总是会被一些小事情整成内伤，怎么办

问：中午临近吃饭时我还在改论文，没有主动站起来叫同事一起去吃饭。后来发现他们都已经走了却没有叫我，心里有些伤心。心想干脆不吃了，因为不想一个人去吃饭，也不想让别人看见我一个人吃饭。默默地跟自己较了半天劲儿。我总是会被这些小的事情整成内伤，请求开示。

学诚法师：换个角度想，大家是不想打扰你，应感谢大家的体贴。敏感悲观的人一点点小事就会想很多，把问题放大、变严重，想得越多离事实越远。此刻要明白，这些念头都是自己的妄想，不要去跟随它、认同它。更为根本的是要慢慢培养对自己和他人的信心，学会从光明的一面去看待问题，让心里多一些阳光、少一些忧伤。

不是只有你过得这么难

问：您好！我上次考试没过，然后又回到原来的单位工作，由于种种原因，新接手了两个班，可是同年级的同事都带一个班的学生，感到压力很大，觉得自己很委屈。

我该如何做？请开示。

学诚法师： 重点是内心的委屈、挫败、羞惭等负面情绪，工作量是次要的。

人生就是这样的，不如意的事占大多数，每个人都会在人生的不同阶段遇到各种问题，不是只有你过得这么难。既然已经呈现了这个局面，就要去接受，不要去抗拒、与别人攀比等等，这些杂乱妄想只会让内心更沉重，对事情的解决和自己的成长没有任何好处。只要去想一件事"我怎么能把现在做好"，这最重要。

要去接受，不要去抗拒。

怎么才能
克服不敢说话的毛病

问：我怎么才能克服不敢说话的毛病？说话总是犹犹豫豫，要纠结半天才说出口。我好羡慕能大大咧咧地说个不停，还能给人带来欢乐的人。这个问题困扰了我很久。

学诚法师： 好好修自己的语业：用心说话，不说废话，不讲是非，不说妄语，多说好话、鼓励和帮助人的话。不必与别人攀比，借此机会清净口业也是好事。

上台演讲如何不紧张

问：我每次上台前都会很紧张，紧张到头晕、发抖、恶心，我要怎样才能改变？

学诚法师： 上去先跟听众道歉，直言"我现在很紧张"，对这个自我小小打破一下，试试看。

不要和别人竞争，
要和昨天的自己比较

问：我害怕与人竞争，总是怯懦地逃避。我深感自己内心没有力量，应如何去寻求心中的力量呢？

学诚法师：不要和别人竞争，要和昨天的自己比较；是我自己要成长，与他人无关。

竞争，
归根到底是跟自己比

问：怎么看待竞争？

学诚法师：竞争，归根到底是跟自己比。如果不想办法提升自己，只想打败对手，那就失去了竞争的本意。

第七章

做一个慈悲
喜舍的人

扬人恶，即是恶

问:《广论》上说:"乞者来作种种邪行，应无厌患。虽见乞者欺诈等过，无宣布心。"《弟子规》上也说:"人有短，切莫揭。人有私，切莫说。"但弟子疑惑，我们不应该扬善止恶吗?

学诚法师: 古训言"隐恶扬善"，其中大有深意。

对过失者来说，绝大部分人被揭露时，都会恼羞成怒;越是受到指责批评，越是逆反、嗔恨。在这种心理驱动下，很可能做出更大的错事，如言"扬人恶，即是恶。疾之甚，祸且作"。对社会而言，总是去宣扬过失、阴暗面，更容易使人心晦暗、堕落。对于批评者而言，揭露他人过失，往往出于嗔心的主导，而非真正想帮助别人。

真的想要帮助犯错的人乃至饶益社会，不是靠宣扬过失，而是靠正确的引导和良好环境的培养，靠关爱、包容。只有特定的情况可以明宣过失:执法机构震慑不正之风等。对于普通的个人而言，不应去宣扬他人的过失，因为这有百害而无一利。

反过来，多赞扬他人的品德、优点，有助于对方改过、进步，"人知之，愈思勉";也有利于集体的团结;还能破除自己的执着，因为一般人总是关注自己，很难真心去夸奖别人。

缺少智慧，
慈悲的人就可能变成滥好人

问：我认为自己还是很善良的，但最近觉得善良被人利用了，结果受到挺大伤害。我真的很伤心，觉得还不如不善良呢！

学诚法师：不是"善良"不对，而是"智慧"不够。忍辱缺少智慧就会变成憋内伤，慈悲缺少智慧就会变成滥好人，善良缺少智慧就会变成被人欺，所以智慧很重要。

"疾恶如仇"的"恶"是烦恼

问："慈悲心"和"疾恶如仇"的这个度在哪里？

学诚法师：疾恶如仇，所针对的是"恶"，而不是人。很多人疾恶如仇，是嗔心在主导，本身就是恶业。慈悲，是先降伏自己的烦恼，再想办法帮助他人去除烦恼，慈悲本身就包含了"去恶"的内涵。

应该以什么样的态度
面对伤害自己的人

问：如果自己被别人伤害、凌辱到忍无可忍的地步，是否还要以慈悲待人？应该以什么样的态度面对这样的人？

学诚法师：慈悲，慈是希望众生得到快乐，悲是希望去除众生的一切痛苦。众生也包括自己。真正的关键，不是要不要慈悲，是自己有没有慈悲的心和能力，所以重点要放在成长自己、强大自己上。明晰了宗旨，就不会随外境而转。

一直把伤害记在心里，就是一直在伤害自己；放下对他人的怨恨，也就是放下了刺向自心的利刃。其实归根到底，原谅与宽容不是对他人慈悲，是对自己慈悲。

我们应该以直报怨吗

问：我能对失误者做到以德报怨，但对故意使坏者，我就先亮剑，再漠视或平和，以使对方知道忍不是懦弱，而是大度，才有惭愧心。我这么做对吗？

学诚法师：真正的忍辱，内心并不觉得痛苦难忍，因为忍是一种强大的力量，能战胜自己的烦恼。我们投身于与他人唇枪舌剑或愤怒对抗中，只是因为自己与对方有着同样的烦恼，还不具有化解的智慧和强大的内心力量，这又如何能够帮助他人改变观念、净化烦恼？

忍辱，不是忍外在，而是净化自己的烦恼。自己心中没有烦恼，慈心一片时，才能自在帮助他人，或柔和劝诫，或金刚怒目；外在虽是霹雳手段，内心却平静无波。凡夫的"以直报怨"，口上说是要化导他人，内心其实是嗔火熊熊。

"随喜"什么

问：若有人通过不法手段而发了大财，我们要用什么心去看待这件事？

学诚法师：随喜的意思是，见人做善事，随之欢喜，而非随喜人在世间的成就，更不能随喜恶行。看见不法行为，自己又无力阻止，应该报警，但不应对过错方心生嗔恨。

一味地慈悲，是不是对恶行的纵容

问：如果一味以慈悲为善，那么对恶行的纵容是否助长了恶，而远离了善呢？如果我们都这样不作声，宽容谅解，那恶人会不会更肆无忌惮？怎么理解慈悲与纵容？

学诚法师： 慈悲是自己的心态，外在的行为是方法、手段。慈悲的外在行相可能有很多种，但心是一样的。对弱小怜悯照顾、无私帮助是慈悲，对错误批评斥责、惩前毖后也是慈悲，最重要的是观照自己的心，是冷漠的、排斥的、嗔恨的、轻蔑的，还是希望利益对方的？人与人之间相处的矛盾，主要是烦恼习性的碰撞，必须先调伏自己的烦恼，才谈得上帮助他人。

与其把精力用在自己不能改变的事情上，不如多践行自己能做到的

问：看到有些公职人员不作为，侵害了公民的权益，总是忍不住要发怒！即使不为自己为别人，我也无法做到隐忍，但自己的力量又那么渺小，不能改变什么。这样的情况让我痛苦了很多年，请指引我！

学诚法师： 我们总想改变世界，可是世界是那样大，自己是那么小，于是我们便活在愤怒、无奈、郁闷的恶性循环中。其实，世界虽然很大，却大不过人的一颗心，所有真正改变世界的人，都只是把握了自己的一颗心。与其把太多精力放在观察和批评自己不能改变的事情上，不如多关注和践行自己能够做到的。

得理要饶人

问：如何正确面对生命中的那些恶缘？有时明知不该起烦恼，却控制不住，自己和自己矛盾。请开示。

学诚法师： 对事要讲理，对人要讲情；处事宜智慧，待人宜慈悲，如俗话说"得理要饶人"。忍并非忍受外在的侮辱，容忍他人的过错，而是平息内心的烦恼，取而代之以清净和慈悲，在自己不起烦恼的基础上，再去处理事情、帮助对方。

怎么对待伤害自己的人

问：怎么对待伤害自己的人？怎么放下？

学诚法师： 向上，才能放下。迈过了上一级台阶，就放下了下一级。不要沉浸在过去，反复纠结。

不要把该提起的放下，
把该放下的提起

问：别人对我造成的伤害该怎样释然？该怎样看待过去曾经走过的路？曾经我以为都放下了，也都想明白了，可是被人一搅，觉得心里又有点儿乱。怎么办？

学诚法师： "恩欲报，怨欲忘。抱怨短，报恩长。"人的一生要学会提起该提起的，放下该放下的，这一路才会是鲜花满径、阳光明媚。不快乐的人是因为把该提起的放下，把该放下的提起，犹如在自己的人生之路上拔去鲜花，遍种毒草，造就满目凄凉。

好的东西才需要珍惜

问：我有一事绝不可再行，可不做这事让我心里痛苦万分。我想看开却总是想起，过得难受极了。可否开示一二，让我早断执念，回归正途。

学诚法师： 执着，为自己的心画了一个牢笼，其实何尝有这个牢笼呢？好的东西才需要珍惜，痛苦的事，为什么总是不放？

忍辱绝不是懦弱或纵容他人

问：忍辱会不会是纵容他人造业；反过来，实际上是自己在作恶？

学诚法师： 忍辱绝不是懦弱或纵容他人，这几种情况，外相看起来或许有相似之处，但本质却判若云泥。忍辱是懂得自己在做什么，内心平静，对他人则心怀怜悯，这才是真正能自利利他之道；懦弱是无能为力，外表忍耐而内心郁闷，既无益于他人，又伤害了自己；纵容则是愚痴，不知道后果，终害人害己。

我们对别人做的，
总有一天会回到自己头上

问：怎么克服邪淫心？另外，我好像老是喜欢怼人，有点恶作剧的意思，想让人不高兴。有时候就算把怼人的话吞掉了，没说出口，但心里还会得意扬扬地想象，如果我真把这话说出来了，会把对方气成啥样，觉得我赢了，很有成就感。这种心态该如何改变呢？

学诚法师： 1.先从环境开始改善，远离染缘，亲近善友。

2.我们对别人所做的，总有一天会回到自己头上。

帮助别人后没有回报怎么办

问：如果自己帮助过别人，可当自己有困难求助时，别人没有帮忙，然后自己就会特别生气，觉得是自己看走了眼，白费了心。师父，您怎么看待这种事情呢？

学诚法师： 帮助别人，是自己为善，并不代表别人就有义务回报自己。哪怕是做善事，也不能有执着的心，否则就会演变成烦恼，伤人伤己。

看人要多看别人对自己的帮助和利益

问：内心经常收集负面信息，觉得人都是为自己，就没有什么好感恩的。该怎样对治这种心理，升起感恩之心呢？

学诚法师：不是别人需要我们感恩，是我们自己需要感恩心。用心去练习观察光明面，看到别人对自己的帮助和利益（不管对方是有意或无意）。

觉得自己碌碌无为，
然而又厌恶世俗不能入流怎么办

问：对于一个成年人而言，做好哪些事情才算是有担当、尽责任？我时常觉得自己碌碌无为，然而又厌恶世俗不能入流。怎么办？

学诚法师：每个人都有责任，也有能力让自己、家人以及所生活的这个世界变得更好。一个人的价值大小不是由他的地位、名气或财富决定的，而是由他所付出的一切决定的。常怀善心、道善言、做善行，让自己成为一颗善的种子，成为一个光明的源头，是人生的意义所在，也是人生之必须。

水太浑浊
看不清。

控制不了情绪怎么办

问：每次关系亲近甚至亲密的人做自己很不认同的事情的时候，我都完全忘记控制情绪。这需要从哪里突破呢？

学诚法师："观功念恩"要像沙里淘金，刻意去寻找和观察身边人的优点。人不可能没有优点，只是我们被自己的"不认可"蒙蔽，看不到对方的好处和付出。观功念恩要对治的恰恰就是这种以偏概全的认识。

如果内心把别人视为假想敌，那么不管别人如何，自己已经有了一大堆敌人。敌人也好，恐惧也好，都根源于自己的想象，不是事实，所谓"烦恼都是自找的"。

要怀着善意的心去与人相处，不要太过敏感地保护自己；感受他人的帮助，也传递自己的阳光。

怎么看那些骗人钱财和感情的人

问：我们以善心对人。可是，这个世界上还有很多人骗人钱财、骗人感情，让我们受到伤害。您怎么看呢？

学诚法师：我们把排泄物、脏污都推给大地，大地却把它们吸收为养分，回报给我们甘美的果实。要做一个像大地一样的人。

不要有素食洁癖

问：我今年慢慢开始吃素。今早别人给买早餐，咬了一口才发现是肉的，又不好当时吐了，也不想浪费，就吃下去了。后来就一直感觉恶心想吐。现在一直很后悔，不知道应该怎么补救。

学诚法师：成就别人的一份好心，不要有素食洁癖。

如何培养慈悲心和感恩心

问：生活中如何培养慈悲心和感恩心呢？

学诚法师： 感恩心是慈悲心的因。生活中多去观察、思考别人对自己的付出和帮助，常常回忆这些，内心不知不觉就会发生变化。

在意别人是因为什么

问：在意别人是因为什么，该怎么战胜？慈悲心与善良又是什么？

学诚法师： 很多人"在意别人"，根本是在意自己。你在意的，是别人怎么看自己、怎么对自己、怎么想自己，别人所做所说是不是符合自己的想法……一切紧紧围绕一个"我"，所以就会苦。如果能够真心实意地去关心另一个人，希望他快乐、远离种种苦难，完全不求回报，不与自己挂钩，就能体会到发自内心的喜悦。

可恨之人必有可怜之处

问：我看到有些做苦力的人，心里就特别难受；但是看到有手有脚的人坐在那儿乞讨，我的心又特别硬，有时候还会恨他们给这个社会造成了影响，影响到了一些好吃懒做的人。我应该如何调整这种心态？

学诚法师：可恨之人，必有可怜之处。我们并不清楚每个人的经历和痛苦，不要一厢情愿地推测判断他人，唯应在每个境界中找到自己可学、可思、可成长之处，不断激发自己行善的决心和智慧。

不要一厢情愿地推测判断他人。

是自然率真对人好，
还是假装包容一切人好

问：请问，是自然率真对人好些，还是假装包容一切人好些？

学诚法师：真性情、真包容，才最好。因为深知每个人都会有缺点、过失，自己也是一样，所以不会有倨傲排斥之心。做朋友，就要有容人的雅量；做益友，要在尊重欣赏对方的基础上，善巧提醒，帮助对方成长。

"慈不带兵，义不养财" 对吗

问：有句话一直困惑着我，都说"慈不带兵，义不养财"，这句话您怎么看？平常在工作中该不该被这句话所束缚呢？

学诚法师：慈悲要以智慧去辅助，智慧要以慈悲去引导。做事情要有大局观、因果观，从长远来看。自己慢慢体会。

人情债怎么还

问：请问，人情债怎么还？

学诚法师： 不要当作还债，要当作结善缘。

越施福越厚，越悭福越薄

问：每每想要布施之时往往心力不足，请开示。

学诚法师： 布施可以破除悭贪，扩大心胸，增长福报。先从自己不会感到心疼的财物做起，比如自己有一百元时，布施一元。别人布施更多而自己做不到时，真心地随喜他。

布施，不是自己舍出什么去给别人，而是借外在的缘为自己种善因，积累福报。越施福越厚，越悭福越薄。

第八章

『情』一字，
该拿它如何是好

有什么好的方法
可以放下爱恨交织的痛苦吗

问：有情执放不下，成了心里的魔障。有什么好的方法可以放下心里这种爱恨交织的痛苦吗？

学诚法师： 你要去想，到底是爱，还是恨？如果从爱变成了恨，那么就不是真正值得追寻的美好。好比一个很好的苹果，它已经慢慢腐烂了，你肯定就不想再吃了。人的问题是，明明面对的是一个正在发霉的苹果，却还要把它想象成原来那个完美的样子。这不是爱，只是妄想而已，你执着的只是自己的妄想。

多想一想贪爱的苦处，才能慢慢放下贪爱

问：我最近一直被感情困扰，心情一直被对方所牵引，怎么办？

学诚法师： 如果这是美好的，那么何来困惑？如果这样令自己痛苦，又为何执着不放？好比一个装着火炭的厚纸包，外表精美，刚开始又温暖舒服，于是人就抱着不放。当被烫到时，还沉浸在对美好的怀念中，觉得

苦不是真实的，心心念念执着不放。很多人放不下的时候，都是忽略了这个事物给自己带来的巨大痛苦，只抓住一点点"快乐"。只有看到了苦处，才能放下贪爱。

没有人能够被别人"抛弃"

问：我被男朋友伤害了，最终还被抛弃，我应该如何应对这种抛弃？

学诚法师： 没有人能够被别人"抛弃"，因为人从来不是附属于他人的物件。自己心理上不能有依赖感，要自尊自信。

人为什么会失恋呢

问：我失恋了，人为什么会失恋呢？

学诚法师： 因为执着某个人是"自己的"，某段关系是不变的，当外在因缘变化时，内心就有"失去"的感觉。原本就没有什么人、什么事是自己的，不变的，只是自己妄加了一个执着，并把这个执着当作真相去对待。

失恋了该如何面对

问：我失恋了，十分伤心，痛苦烦恼一直围绕在我身边。我该如何面对这种情况呢？

学诚法师：人内心强烈执着的一个对象发生变化时，就会感到空洞和痛苦，不习惯，不适应，从根本来说是执着带来的苦。要解除这种苦，有两个办法：一是从内在打破执着；二是去寻找另一个执着的对象，或人或事。

前者是治本，后者是治标；前者难，后者易。也可以把两个办法结合起来，慢慢从中去体悟，淡化执着。

对于爱情总是没有安全感，该怎么办

问：对于爱情，我总是害怕失去，没有安全感，该怎么办才好？

学诚法师：安全感只是一个感觉，并不等同于真正的"安全"。很有安全感的人，也逃不开生活中的种种无常。菩萨教我们去修无常，是让我们去除对虚妄假象的执着，而不是变得更加患得患失，焦虑重重。不要想去抓住什么，珍惜和善待每一个当下就好。

先想清楚自己想要什么，
才能知道怎么去对待别人

问：我曾经很爱一个人，爱到无法自拔。可是当我们在一起了却发现他不是我认为的那样。他总是在否定我，我不知道该怎么处理我们现在的关系。请开示！

学诚法师：情绪、感觉都是无常的，人也是在变化的；以常执面对无常，就是苦。人要先想清楚自己想要什么，选择好自己的行为，才能知道怎么去对待别人。

在爱情里总是多疑怎么办

问：在爱情里总是多疑，可以说很严重的多疑，很爱乱想，每次多疑后来都被证实是自己乱想的！几次爱情因为多疑而分开了，我该怎么办？

学诚法师：恐惧多疑，是自己心思不正的果报，就好比一个人常常说谎，就总会疑心别人也在骗他。改善的方法，就是忏悔自己的恶业，当下种正因、发正念。现在正是恶业成熟的当下，苦果是免不了领受的；唯有坚定对业果的信心，痛切悔改，坚持向上，才能够慢慢改变。

"情"一字，
该拿它如何是好

问：您好，因为不懂得如何爱而失去爱，追悔莫及，却不知道如何放下这种后悔和遗憾。就像手上拿着针线，可破了的衣服已经被别人补好了，于是不知道该何去何从？

学诚法师： 因缘已过，不要再幻想。活在当下，放下执着。

为什么爱得越深，失去时痛苦就越多

问：真正的爱是怎样的？人最基本的情感是欲望与恐惧，烦恼与欢乐，爱能将其超越吗？有爱就不会有痛了？

学诚法师： 真正的爱，是慈悲。人最根源的烦恼是"我执"，顺"我"则喜，逆"我"则忧，会伤害到"我"的则惧，在此基础上的"爱"亦复如是。所以爱得越深，失去时痛苦就越多，乃至爱会转化为恨。只有超越了我执，才能将爱升华。

执着于无常的事物，就是痛苦的根本

问：最近被分手，理由是不合适。我不能理解感情说断就断的事实；另外，之前的承诺和甜蜜都是假象吗？我该如何反省，从中走出来？

学诚法师： 本来都是假象。不要沉浸于对细节的回忆和胡乱猜测中，跳出来看看所谓感情本身：从无到有，从有到无，犹如一梦。执着于无常的事物，就是痛苦的根本。多思维它的虚妄与痛苦，而不是随着执着的心越陷越深。

爱从来就是一种不坚实的东西

问：我跟初恋对象谈了十年，即将结婚却分手了。这一次恋爱谈了三年整，他却不愿娶我。自小就以为真心待人就能平等被对待。不要房车存款，只想跟爱人相伴。为什么想过普通生活就这么难呢？虽知道情爱如烟，可俗世人还是无法舍弃。求师父指导！

学诚法师： 把快乐建立在不坚实的东西上，就是苦的根源。舍弃不下，但可以一点点放下执着，开始思考生命中更有价值的事。

憎恨一个人，受苦、造恶业的是自己

问：憎恨前男友怎么办？如何放下仇恨？

学诚法师： 憎恨一个人，受苦、造恶业的是自己，而不是对方。不管发生过什么事情，到底是谁的错，都已经过去了，立足现在、面对未来才是重要的。放下仇恨，就是把自己从过去的枷锁中解放出来，迈上一个新台阶。反过来说，自己要有方向、有成长，才能够放下过去。

恨由爱起，那"爱"又是什么

问：您好，我被欺骗感情，现在很绝望，嗔心很重，总想报复他。请师父开示。

学诚法师： 恨由爱起，那"爱"是什么？既然爱这么容易消失和变化，执着于它又有什么意义呢？

我们总是在"认苦为乐"

问：我总是为感情执着，迷恋男女之间的暧昧情愫，贪恋一时的温存柔情。虽然知道这都是无常，但每次对方放下了，我却总是放不下，心里很低落很难过很消极。我该如何走出这低谷，放下自己的痴心与执着呢？

学诚法师： 只要还在"认苦为乐"，认为其中有乐可恋，就会执持不舍，这是自己内心还存有幻想的缘故。要多闻思、修学，增长智慧，才能一分分消除无明，让自己看破真相；培养大愿，把心胸扩大，才不会总是局限于个人的情感得失。

受伤是因为向外在索取太多了

问：童年时家庭破碎，我深受其害。因为这样的经历，我比普通人需要更多的安全感。在组建自己的家庭时，我跟丈夫已言明，他也欣然答应。但在婚后的十几年里，他却无视我的特殊经历。我现在非常压抑，怎么办？

学诚法师： 感到受伤，是因为向外在索取太多了。心上的伤疤无形无相，只存在于自己的心念、感受之中，你觉得它深它就深；你不去强化它，它就没多大力量。正因为自己一直在执着，才投下深深的阴影，让自己感到痛苦。本意是希望离苦，但所做的却是在增苦，明白吗？试着放下自己的感受，去体谅他人。

别人之"得"，不是自己之"失"

问：得知我的前任结婚了，而且他老婆怀上了孩子，应该是要祝福他的，可是我的心里真的非常难受，甚至会想如果他老婆怀不上的话我可能会高兴一点。我知道这样想是不对的，我该怎么办才好？

学诚法师： 自己没有的，也不希望别人有，把别人之"得"当作自己之"失"，其实自己并没有失去什么东西。但自己内心有了这种设定，就会产生失落感，引发痛苦。如果我们能够观照到这都是内心的错觉，把心力放到自己当下要做的事情上来，不要去做无谓的比较和假设，就没事了。

"感情"的本质只是"执着"而已

问：您好，最近一直在为感情的事情烦恼，整个人精神恍惚。明知道有些东西不可能回得去了，但是总抱有侥幸心理去等待，我要怎么样才能从这里面走出来？

学诚法师： 世人名之为"感情"，究其本质而言，只是"执着"而已，让人身心受许多苦恼。总是去想它的美好，执着就越来越重，难以放下；冷静下来看到它的真实面目，才能有勇气放下。

不控制欲望，它就会反过来控制你

问：一开始是出于猎奇而接受感情，现在发现自己对待这份感情有点像"瘾君子"嗑药，精神很愉悦，但内心痛苦。怎么办？

学诚法师： 人的欲望是会增长的，你不去控制它，它就会反过来控制你。就像吸毒，片刻的愉悦，无尽的痛苦，明明如此苦多乐少，可是上瘾的人却难以摆脱。一定要用慧剑斩断，不要再自欺欺人。再难的山也要去攀登，因为畏难而另寻刺激，只是把自己拖入另一个陷阱。

在现实生活中空虚迷茫，
才会在情感中寻找救命稻草

问：如何放下一个人？

学诚法师： 自己要有其他事情做。很多时候，不是因为放不下某个人而无心其他，是因为内心缺乏理想和方向，在现实生活中空虚迷茫，才会在情感中寻找救命稻草。其实，执着的不是某个人，而是自己内心的妄想。

争理不如争错

问：请问，两个相爱的人经常因为一点小事发生争执，彼此都想改善这种境况，却不清楚从哪里着手。这时应该远离彼此以阻止互相伤害，还是用什么其他的方法改善？感恩，愿您安康。

学诚法师： 争理不如争错，何必一定要对方接受自己的意见，何不自己去接受对方的意见？

很少有人拥有认错的强大能力

问：受到家人的指责，觉得自己既委屈又没面子，又很伤心和失望，如何化解呢？

学诚法师： 有一个非常重要的能力，却很少有人拥有，那就是"认错"。每个人都是不完美的，我们要尽力做好，但是也要能够承认、接受自己做得不好甚至犯错误。

人很容易为自己辩护，如果本身做错了，就会说"没有功劳也有苦劳"；假使自己有一定道理，那更会觉得委屈。如果以这样的心去面对外境，就会很累、很苦，因为一直扛着一个非常重的"我"。如果在遇到不如意境时，肯承认"可能我的确有做得不好的地方""是我能力不够，做错了"，把"自我"的包袱放下的一瞬间，就能感到轻松和解脱。

每个人都是不完美的。

凡事都想证明自己是对的，
就会让自己烦恼不已

问：老公和婆婆都是比较倔强的人，更确切地说是自己认为对的就是对的，自己认为错的就是错的，不听别人的劝告，非要等到碰壁了才会回头，但仍不承认自己的错误，最后还要说我没有提醒他们。对于这一点，我有时候心里特别难受。怎样才能让我不在意他们的所为？望指点。

学诚法师： 让自己起烦恼的一个重要的点是，很想撇清自己的责任，证明自己是对的。对于他人不听劝告的愤怒，更多是因为自己事前被忽视，事后被误解，想要维护自己而产生的。这样思维，是因为我们随时随地在强调一个"我"，与他人对立、隔阂、比较，而没有把对方当成家人、朋友。

对别人不满，
通常都是没看到自己的缺点

问：我经常控制不住自己的脾气，总是对另一半不满，是不是不该一起过下去？

学诚法师： 反过来多看看自己，自己做了多少事？为他人付出了多少？做得好不好？当我们对别人不满的时候，通常都是没看到自己的缺点。

对他人好，一定要选择对方能够接受的方式。

不要想去改变别人，否则双方都会很苦

问：家人嗔心很重，自己很想帮他改变。本来说得好好的，可是一提让他改正错误，他就急了，还据理反驳，我都想不出什么办法了。师父，我怎么样才能让他醒悟过来，改正缺点呢？

学诚法师： 每个人都不愿意被否定，除非自己认识到错误，自发地想改变。

不要想去改变别人，否则双方都会很苦。把这个心力用于改变自己的缺点习气，才是重点。

为了需要花钱，而非为了满足欲望花钱

问：弟子的先生是富二代，父母觉得我嫁得好，认为用先生家的钱是应该的，所以花钱总是找我，很不客气。先生怕我们乱花，不怎么多给。我为了缓和矛盾，家里的花销尽量自己扛，家人亲戚需要的时候尽量出力，否则母亲又会去找先生家。自己其实没有能力扛，夹在中间好难。

学诚法师： 财富从布施和知足而来，贫穷从贪婪和

挥霍而来。如果人贪心不足，钱再多也不够花。为了需要花钱，而非为了满足欲望花钱。

越是想得到爱和鼓励的人，
表面上可能越强势

问：我从小没有和父母生活在一起，比较缺少家庭的温暖和陪伴，更想得到父母的肯定和鼓励。但我很少能从他们那里得到相应的回应，反而总是被说这不好那不好。我知道这是他们想与我亲近，想找到话题而采取的方式，但被否定还是让我十分痛苦，第一念很难控制，总忍不住发火，事后却悔恨难过。是我表现不够好吗？我该怎么办？求师父开示。

学诚法师：越是想得到爱和鼓励的人，表面上可能越强势，想要借外在来掩盖内心的怯弱和苦，或者用自己的冷漠和不在乎来保护自己。我们希望快乐，可是由于烦恼的存在，往往采取了错误的方法，走了相反的路。其实，把内心放松一些，不要那样急着证明自己，就能从点滴中感受到家人的爱。

下雨，那撑伞就好了。

下雨了，
难道要记恨老天爷吗

问：我跟妈妈、弟弟、弟妹一起生活，以前是我租房
住，到期后弟弟又租的房。现在他们的新房快入住了，弟
妹无端发脾气，甚至把我赶了出来，妈妈一直偷偷地哭。
我觉得既难过又丢人，心里总是想着她赶我走时的样子，
觉得很恐怖。请问该怎样释怀呢？

学诚法师： 怨欲忘，恩欲报。每个人都有烦恼，如果我们去领纳每个人的烦恼，那自己就成了垃圾聚集地，只会越来越痛苦。不要把别人对不起自己的事放在心里，不要用别人的错误来惩罚自己，做好自己该做的事情，比如下雨，那撑伞就好了，不会去记恨老天爷。

想让别人如何对待自己，
自己先这样对待别人

问：我结婚有三年了，自结婚起烦恼就不断。妻子是单亲，心里只有她母亲、姥姥，没有我父母。岳母特别自私自利。深深体会到婚姻是牢笼，有时候特别想离婚。怎么办？

学诚法师： 想让别人如何对待自己，自己就先这样对待别人。自我保护太强的人，是因为受的苦太多，要帮助而不是排斥。就修行来说，越是难相处的人，越是我们修行的助缘。

被亲戚朋友催嫁怎么处理

问：每逢回家，亲戚朋友、街坊邻居，各种盘问与嘲讽：为何至今还嫁不出去？想到这些心中常常感到烦恼，甚至恐惧回家面对。烦请开示！

学诚法师：你是为了亲情和祝福回去的，不是为了起烦恼回去的。他们怎么说是他们的事，我怎么做是我的事。

幸福并不等同于结婚

问：弟子到了适婚年龄，家里人着急，几乎成天都在讨论。安排了多次相亲，始终没有遇到可以继续相处的人。现在身边亲朋都觉得是我的问题，认为我眼光高或者追求完美。可是和没有感觉的人怎能勉强在一起？或者这真的是我的问题自己没有察觉到？

学诚法师：家人真正着急的是苦乐问题，但由于经历和知见使然，把某个行为等同于"幸福"了。首先这个认识就是有问题的，放眼看看周围，一目了然。其次，为了快速达到这个目标，心态就开始扭曲，判断标准变得模糊，行为变得非理性。还有些情况是迫于舆论压力，这更不沾边了。

人都是为了求离苦得乐而生活，但很少人静下来想想什么是苦，什么是乐，而是在生活惯性中随波逐流，才导致了人与人、身与心甚至人与自然的种种割裂与矛盾。

不要因为不想做一件事
而选择另一件事

问：我从北京回老家工作了。因年纪不小了，家人都催我赶紧结婚，但我自己不是很想结婚，想回北京。如何处理这样的矛盾呢？

学诚法师：不要因为不想做一件事而选择另一件事，要了解自己想做什么。心里没有方向，处处都是墙壁。

心里没有方向，
处处都是墙壁。

越是难相处的人，越是我们修行的助缘。

第九章

百善孝为先

每个人都会老

问：家里有八十多岁的老人，患有小脑萎缩，有时胡说八道，爱撒谎，爱唠叨，家里人都感到很烦恼，心中想放下却总是放不下。怎么办？

学诚法师： 多去想他好的一面，想他对自己的恩德。每个人都有烦恼、习气，每个人也都会老，无论怎么样，家人都应该去帮助他，而不是当作负担。能够成为家人是缘，要结善缘，不要结恶缘。

人总是要求别人怎么对自己，却很少要求自己怎样对别人

问：因为我从小没有感受过父母的教育，心里总发不起孝心，之前甚至总是抱怨他们只生不养，现在好些了。我该怎么做？

学诚法师： 我们总是要求别人怎么对自己，但却很少要求自己怎样对别人。很多事情别人没有做到，那自己该做的事情呢？

真正的问题并不在别人身上，而在自己内心。如果自己内心消灭了贪嗔痴，增长了戒定慧，那么面对别人的问题，生起的就不是痛苦与委屈，而是慈悲。凡事多要求自己，少抱怨别人。互相指责，事情永远无法改变。

好的沟通，
并非要承认对方所说的一切都对

问：我从小叛逆，家人总觉得为我好，说我强调真实个性理想，适合在国外；而在国内就必须接受现实，适应规律。凡事都必须顺从他们，因为只有家长无条件爱孩子，否则就认为我不对。沟通总是演变成争吵和冷战。请开示。

学诚法师：良好的沟通，并非要承认对方所说的一切都是正确的，而是首先在心态上去理解、尊重、接纳。与父母的沟通，前提是对父母的感恩和接纳，事情上可以有分歧，但不能因为看法的不同而否定人。做到这一点，沟通才不会变成彼此说气话、发泄情绪。

爱嗔恨的人伤害最大的是自己

问：我爸妈婚姻不幸福，很大年纪了还是吵架，主要是我爸爸发起脾气来，什么话都说。我现在读研，不想回家，不想面对他们。最近对什么事情都提不起兴趣，我很痛苦，不知道如何化解。

学诚法师： 遇到烦恼之人，身边人都会受影响，都很痛苦，但最痛苦的是他本人，因为嗔恨之火首先伤害自己。只考虑自己，就想远离；可再想想，父母都在痛苦之中，自己怎能独自避开呢？就像一栋房子着火了，为了自身安全，人人都想远离，但还有人会往里冲，那就是为了救人的人。消防员有专门的防护服，经受过训练，才能够去救人；慈悲和愿力就是菩萨的铠甲，修行就是菩萨的训练。不要只想着个人狭隘的苦乐，要提起对他人的责任与爱来，就能够战胜生活中的迷茫和疲惫，化痛苦为动力。

要照顾一个病人，自己首先不能病倒

问：爸爸身上缺点太多了，我看到了不好的事情好好和他讲，劝他，他却动不动破口大骂，甚至还要打人……
我该怎么做？

学诚法师：要照顾一个病人，自己不能病倒；要帮
助别人调伏，自己首先要调伏；想带着家庭的共业往上
走，唯有让自己的业越来越清净、强大。自己成长了，
一切才有答案。

父母不理解晚辈怎么办

问：父母不能理解晚辈，但又不问清楚，反而背后说
晚辈的不是。晚辈该如何是好？

学诚法师：父母误解了，然后说给别人听，别人也
误解了，又怎么样呢？自己的心念决定行为，行为决定
业力，业力决定命运。自己的心念、行为、业力都不是
由别人的看法决定的，不必委屈。事情的重点在，发现
与父母沟通不畅时，要想办法弥补；父母下次再念叨时
听着就是了，让他有机会说出来就好了。

恭敬从念恩起

问：我爸爸很爱喝酒，喝完酒后就总是说一些糊涂的话，每次他这个样子我都很讨厌，甚至于厌烦和他说话，总想大声吼他。我不想这样，却总是控制不住自己。

学诚法师：恭敬从念恩起，要多念他的恩才能生起恭敬心，不能把过失放在首位。父母纵然再有过失，恩情也不可磨灭。念恩并不是要赞同他的错误，而是要调整自己的心态，以爱敬为根本，而非嗔心和嫌弃。后者不仅无法帮助他改变，自己还会种下恶因、损减福报。

如何与坏脾气的父母相处

问：我的母亲脾气不好，别人的一句话都要理解成针对她。没有一份工作做得开心，辞职在家又觉得没钱而胡思乱想、愁眉苦脸。儿女们既不知道怎么安慰她也不知道怎么帮助她，所以反而起烦恼心。我总是抱着希望她改变的心态，但是这样的结果变成了她更疏远，认为没人站在她那边。我该如何与她相处？

学诚法师：找到她的优点，去欣赏、赞叹、肯定。

　　恭敬从念恩起，要多念父母的恩才能生起恭敬心，不能把过失放在首位。

把母亲的发火当作是菩萨加持

问：我的母亲无故发火摔坏了我最心爱的一件收藏品，虽然我当时没怎么发火，可是心里总是放不下，充满矛盾。

学诚法师：当作是菩萨加持，帮助自己破除执着。

不要去领纳、计较一个病人说的话

问：我近半年一直执着于与家人的相处问题，一直想不通，不知该如何解决。母亲对我有很深的怨念，每天骂我骂得很难听。我只要有一点小错，就会被放大，然后就会被母亲总结为我人品不好、道德低下，该下地狱。我知道自己学习不够好，父母离婚时没站在母亲这边，在母亲眼里也不够孝顺，所以才让母亲对我失望、怨恨。面对母亲时，就怕惹她不高兴，恨不能赶快报答完养育之恩后消失。母亲为我付出了很多，我对她有着深深的愧疚，可又感觉母女间的感情真的淡漠了，没办法当家人了。我好痛苦，到底该怎么看待母亲对我的怨呢？

学诚法师：外有是非恩怨，内有各人的业力烦恼。母亲的伤害来源于她的烦恼，她就犹如一个病人，被烦恼大病控制而无法自主。不要去领纳、计较一个病人说的话。要做消业想，用正念铠甲保护内心，不让外在的语言伤害激起自心的烦恼、痛苦。

恨家人怎么办

问：在我最需要依靠的时候，被家人背弃。我失望难过，一度嗔恨。我该如何化解嗔恨，安住本心？如何建立安全感？

学诚法师：这是你的感受，不一定是事实。有没有反过来站在家人的角度去想一想，他们为什么要这么做？如果自己是他，站在他的立场，面对他的生活，会如何选择？家人为自己做过什么，自己有没有看到？化解嗔心的方法，就是体谅、理解、慈悲。

即使是至亲，
也别觉得对方该为自己付出

问：我的妈妈永远把工作放在第一位，我生病了她也如此。我在家高烧卧床，她却忙到夜里十一点多才回来；说要陪我睡，我在床上留了一半被子等她，结果她熬夜到深夜两点；说陪我去医院，实际上只是打车把我"押"到医院，我在医院跑来跑去，她不停地接电话，只是在后面跟着。我很生气，我该怎么办呢？

学诚法师： 换一个角度，体谅妈妈的辛苦，心情就完全不同。即使至亲，也不应觉得对方理所应当为自己付出，要学会感恩。

怎么解决"婆媳不合，
想离婚"的痛苦

问：我有一儿一女，因为婆媳不合，老公是妈宝男，现在我想离婚，可是现实中孩子会受伤。请问，我该何去何从？是遵从自己心里所想还是听外人意见？请指导。

学诚法师： 你的儿子长大后，你是希望他心向着自己，还是向着妻子呢？人与人相处难免有矛盾，因为每个人的成长环境、所受教育、生活经历都不同，导致了思想观念和行为习惯的差异，很多问题不是简单的对与错、是与非。生活中要学着降伏自己的烦恼，少一点以自我为中心，不然处处都是矛盾对立。总与人斗，自己又能得到什么快乐呢？

你有没有为婆婆做过什么事

问：我们一家三口和婆婆同住。我和婆婆之间经常闹矛盾，我说的话她永远有理由反驳，时间久了我就很少或者不再和她说话，但她还是会以各种理由找事。我想搬出去住，老公总以老人身体不好为理由表示反对，但这样在一起住。我的心里每天都在煎熬。请开示。

学诚法师： 婆婆可能是有不对的地方，但反过来想想，自己有没有肯定过她、赞叹过她、感谢过她？有没有为她做过什么事（例如买一些她爱吃的东西）？如果没有，试一试这样去做。

对婆家人和丈夫失望透顶怎么办

问：我最近天天都在怀疑人生。自己家境殷实，父母通情达理，但是经过一段时间接触后发现公婆不讲理到极致，吝啬且满脑子封建迷信思想，无法沟通。母亲来帮忙照顾我坐月子，却被爱人和婆婆联合气走，对婆家人和丈夫失望透顶，我该怎么扭转局面？

学诚法师： 没有人想故意伤害家人，都是各自的价值观、生活习惯、角度不同。如果都从自己的角度去看，对方都是"不讲理"——因为不符合自己心中的"理"。互不相让就会产生冲突，积累多了就成了怨恨。其实寻根溯源，也就是很小的事情而已。有时候，多从对方的角度想一想，结合他的经历想一想，对他的一些见解和行为就容易理解了。虽然跟自己不同，但也可以体谅、接受。

学会包容差异，多看对方的优点并及时夸奖，对对方的付出要真诚感谢，这些是家庭中建立信任的基础。信任建立起来，关系融洽了，再慢慢带着对方一起提升。

作为儿子，如何调解婆媳关系

问：作为儿子，如何调解婆媳关系？谢谢！

学诚法师： 多倾听，少理论。看到双方的付出，理解她们的心情和感受，肯定她们的功劳或苦劳。然后，从容易改变的一方开始，教她学会代人着想。

婆婆不爱带孙子怎么办

问：我婆婆是养母，我们挺孝顺她，但她自私，对儿子和孙子都特冷淡，不管不问，就见面一时热情，心口不一，总是找各种理由不看孙子，导致我现在反感她。现在我们意外有了二胎，可一想到她又要推脱不管，我心里就不舒服。怎么办？

学诚法师： 帮助照顾孩子是她的恩德，但并不是她必须尽的义务。反过来，孝顺母亲是子女应该做的，不能以交换的心态来看待。

第十章

不要把自己的『成就感』放在孩子身上

老公、孩子都不是自己想要的
样子怎么办

问：我一心想经营好家庭，一直在努力，可现在老公、孩子都不是自己想要的样子。一点成就感都没有，一点自信起来的理由都没有，有的只是悲观、失望、生无可恋的感觉。

学诚法师：不要把自己的"成就感"放在他人身上，放在外境上，那样一定会活得很辛苦、很疲惫。

亲子关系
犹如师徒关系

问：如何建立良好的亲子关系？

学诚法师：亲子关系犹如师徒关系，最要紧的是培养孩子对父母的信任。孩子大多对父母有着天然的信任，但许多父母在教育孩子的过程中常常破坏这种信任，结果孩子不愿听父母的话。在对待孩子时，要考虑到孩子在不同年龄阶段的特点，"因机而说"。

多去想想他人的苦乐，
许多烦恼都会
不知不觉消失。

跟孩子沟通的
前提是心中一定不要有成见

问：怎样跟一个比较贪玩、不太懂感恩、脾气急躁的十岁孩子沟通呢？

学诚法师： 要看到他的长处，去理解他、倾听他。和任何人沟通的前提都是心中不要有成见。

孩子就像是父母的镜子

问：总觉得自己智慧不足，孩子总能挑起我的怒火，让我很焦躁。望指点！

学诚法师： 静心反省。实际上，面对孩子，家长自身的烦恼、缺点和不足，是暴露得最完整的时候。因为对其他人起烦恼、发脾气，给自己带来伤害的可能性更大；而孩子弱小无知，对他起烦恼的成本最低。听起来很残酷，但确实如此。所以孩子就像是父母的镜子，面对孩子就犹如面对真实的自己。

静心反省自身的烦恼、缺点和不足。

不要一味给孩子讲道理

问：给孩子讲道理不听，虽然不断提醒自己要冷静、心平气和，可最后仍然会发火，很苦恼。请指教。

学诚法师：当自己做事被别人"讲道理"时，自己是一个什么样的心情和反应？

孩子上中学了，特别叛逆怎么办

问：我儿子上中学了，特别叛逆。他从小脾气就不好，现在变本加厉，很自我，不管是父母还是老师都不能说他，一说就不高兴，甚至发脾气。我现在已经不会教育了。该怎么办呢？

学诚法师：他最擅长什么？有什么优点？最佩服什么人？要找到这些，慢慢去鼓励、引导，而非只看到负面，通过批评去压制。

如何面对孩子的不解和对抗

问：我是为母者，我该如何面对孩子的不解和对抗？

学诚法师： 家长很容易以自己的经验和权威给孩子下结论、下命令，忽视或轻视孩子的想法；急于给孩子一个答案、一个结果，忽视他学习、成长的过程，剥夺了他探索、感悟的机会，这些是造成孩子排斥的主要原因。生命是一个成长的过程，对人对己都不要着急，给成长留出时间和空间。

如何教小孩子"看人优点，念人好处"

问：请问如何帮助小孩子消除习气中的嗔恨心？

学诚法师： 家长带着孩子一起学习"看人优点，念人好处"的功课。家长身教应多赞扬他人（包括孩子），少批评埋怨；赞扬他人时要具体，越具体越好，示范给孩子看。在每天的游戏、交流中，都可以有意识强化这方面的练习。

教育孩子的过程，就是家长成长的过程

问：最近一段时间，看着八岁的孩子因为一点点小事变得越来越爱发脾气、哭闹，感觉自己的耐心和信心快被消磨殆尽了。我感到自己很失败，望给予一些指引。

学诚法师： 反省自己是不是这样？教育孩子的过程，就是家长成长的过程。不要当作是在教他，而要视作自我的修行。

想让孩子成为什么样的人

问：孩子一岁半了，作为一个父亲我深知责任重大。俗话说"三岁看大，七岁看老"，现在是打基础的重要时候，很希望能把他教育成才，成为一个有用的人。对于教育孩子，你能给些好的建议吗？

学诚法师： 想让孩子成为什么样的人，家长自己就应该做个什么样的榜样。

面对子女，
人的缺点暴露得最充分

问：对于自己的子女总是没有耐性怎么办？有时候自己都怀疑是不是真正爱她？生活中一点小缺点就会让我火冒三丈，训斥后又后悔。请师父开解！

学诚法师： 面对子女，往往是人的缺点暴露得最充分的时候。因为子女与自己业缘近，又势弱，一切烦恼的表达都可以冠以"为你好"的名义，不容易受到自他谴责，所以烦恼表现得最直接。无论是不是真心为了孩子好，发火肯定是嗔心。归根到底，还是要自己好好修行。

面对厌学的孩子怎么办

问：师父，面对初三厌学的孩子该怎么办？初升高只剩四个月了，她似乎一点也不着急，我没办法平静，对她不做要求。请师父开示！

学诚法师：她不着急，你着急有用吗？你试试看真正放下，不要求她，只关心她，会如何。反过来说，如果自己想要控制住心念都这么难，却希望孩子一夜之间转变，可能吗？

怎样帮助五岁女儿在幼儿园不受同学欺负

问：我女儿五岁，她在幼儿园有个小朋友很强势，整天管着我女儿，说她这不对那不对，给她打小报告，还把她爱吃的零食吃掉。我女儿说她朋友"太厉害"，所以不敢不听她的话。我不知道该怎么帮助我女儿？

学诚法师：如果自己遇到强势的朋友，会怎么做？内心是否有足够的力量不受对方控制？家长自己要有独立的勇气和为人处事的方向，然后在言传身教中逐渐把这种智慧传递给孩子。这是一个共同学习和成长的过程，没有标准答案可以立即解决问题。

下篇

一语点醒

梦中人

第十一章

无常，很正常

今日流过你面前的河，早已不是昨日之水

问：您好！"无常""等流"二者是不是矛盾了？

学诚法师：河流的水，是"常"还是"无常"呢？人看起来，昨天、今天、明天，都是同一条河；其实，今日流过你面前的，早已不是昨日之水。

从因到果，
本身就是无常的一种体现

问：我本愚钝，搞不清楚因果与无常。假如我坚持种下善因，那按照因果规律必得善果；如果坚持不懈种下善因，就会一直感得乐果。那怎么还会有无常之说呢？无常是否指过去所造作的恶业感果的情况？

学诚法师：无常指事物永远在不断地变化，没有固定不变的。从因到果，本身就是一种变化，是无常的体现。无常不是一个负面的概念，是指一切事物现象的一个过程而已，只是我们把它误解了，一听到无常就觉得很害怕、很不好，这恰恰是人内心执着的一种体现。正是因为无常，我们才能够通过修行而改变，从凡夫到智者……

正是因为无常，我们才能够通过修行而改变。

因为无常，一切皆有变好的可能

问：我今年生意亏损，感情完蛋……一切都鬼使神差地变了模样，觉得活得很失败。人前尽量平静，可是内心实在压抑，甚至想一了百了，从头来过。请指点迷津。

学诚法师：世事无常，兵家有胜败，商家有盈亏，夫妇有离合，万事万物本就没有固定不变的，这不是自己的"失败"，不必在执着的痛苦之上再加一层自责与懊恼。反过来说，因为无常，一切也皆有变好的可能，人生永远是有希望的。放下内心种种的忧愁和自卑，好好面对每一个当下。未来不是看过去，而是看现在。

一切都会过去的

问：因突然的变故，内心非常痛苦，每每夜深人静时更甚。请问，如何才能不影响家人？

学诚法师：世界上的一切人、事、物都在时时刻刻变化，时间每一刻都在流淌；离开了"变化"，人是无法生存的。深深地明白无常的道理，痛苦的境界不要沉溺，快乐的境界不要贪恋，因为这一切都是会过去的。

时间每一刻
都在流淌。

处处皆有无常

问：我佩戴了十几年的玉手镯不小心碎了。有什么说法吗？

学诚法师： 无常。

无常，很正常

问：有的人起初对我很好，后来莫名其妙不冷不热，开始保持距离。这令我很闹心，我该怎么看待这个事？

学诚法师： 无常，很正常。执着就苦。

深刻认识无常，就能处事不惊

问：吉祥！您说怎样才能变得处事不惊？

学诚法师： 深刻认识无常，就能处事不惊。树立内心宗旨，遇到任何风浪都不会动摇。

后悔不能过头

问：我常常为自己犯的错误反复地强烈地懊恼，这是不是也是我执的表现？请问这种执着该如何化解？

学诚法师： 后悔不能过头，否则便丧失了前进的力量。要用无常的眼光去看待错误，今天错，或许明天就不会错了。犯错误并不可怕，重要的是如何在错误中学习、成长。

后悔不能过头，否则便丧失了前进的力量。

深刻认识无常，就能处事不惊。

握得再紧的拳头，
也抓不住手中的沙

问：养了两年的猫去世了，我难过得睡不着，一闭上眼都是它躺在那里的样子。我对不起它，我太没有责任心了。这一定是噩梦，对不对？

学诚法师： 握得再紧的拳头，也抓不住手中的沙；我们无论多么执着，也不能阻止无常。拥有和失去都只是人生的一场梦。

做什么总是往不好的方面想怎么办

问：什么事情我总是往坏的方面联想。例如，给家里打电话没人接，我就会联想是不是家里出什么事了，而且会想出一个悲惨的场景，比如煤气罐爆炸了，等等。师父，我这是怎么了？

学诚法师： 人长大了，见闻的、经历过的境界多了，慢慢就会对无常有体会；如果缺乏智慧的引导，这种感受就会演变成一种不安全感，乃至悲观恐惧。其实仔细想想，健身、理财、美容、买保险……都是人们用各种方式来消除对无常的恐惧。佛教也提供了一些方法，比如安住当下、勤积福慧。多努力行动，少胡思乱想。

总是在想困难、想问题，
想得再对又如何

问：做得好好的工作忽然中断，心中不安宁，更是无精力，总觉得困，既无奈又要为生活奔波。妄想何时才能打破？请师父拨开迷雾。

学诚法师：不要问果，要问因。自己有没有发心，有多发心？有没有努力，有多努力？总是在想困难、想问题，想得再对又能如何？

求关怀……

第十二章

世上谁没有
生离死别呢

有什么想不开的事，
到医院看看，就都想开了

问：我们对疾病该有什么样的态度？

学诚法师：面对疾病，既不能轻忽逃避、讳疾忌医，也不能过分担忧执着，整天牵挂着身体。修行人以病为师，能更精进地修行。人常说，有什么想不开的事，到医院看看就都想开了。因为病苦能够让人从迷障中清醒过来，让我们见到生命的真面目；提醒我们做有意义的事，少在鸡毛蒜皮的烦恼上消耗时光。

人生总难逃一死

问：本人已经癌症晚期了，我不怕死，但恐惧将至的病痛折磨，还有愧疚未尽对父母的孝道及对妻子的责任。我怎么调整心态？

学诚法师：病痛虽然猛烈，但过去了也就过去了，真正的折磨来自内心对它的恐惧与担忧，这是世界上最厉害的"放大镜"，痛苦来到之前和之后都会持续伤害自己。但正确的心态也能减轻苦受。吃苦是了苦，坦然面对病苦，了结宿业；进一步将心比心，怜悯一切受苦的众生，则增长无量功德。

人生总难逃一死，不光是自己，父母亲人都是一样。寻得无限生命的皈依，无论对己对人都是最大的利益。

真正的折磨来自内心的恐惧与担忧。

世上谁没有生离死别呢

问：父母两人没有夫妻缘分，不是生离就是死别，两者弟子都不愿看到。请问师父，弟子该怎么办？父母应该怎么办？

学诚法师：世上谁没有生离死别呢？

再长久的陪伴也有尽头

问：如何放下生死执念？外公突然离去了，最后一面都没有见到，很心痛很难过，很想再抱抱他，很想他。

学诚法师：再长久的陪伴也有尽头。修行，就是为了摆脱生死牢笼，与所有的亲人来一场最美好的重逢。

不被死亡改变的事情就是生命的本质

问：什么才是关乎生命本质的事情呢？

学诚法师：那些不被死亡改变的事情。

人的一生都在为未来做准备，
最应该为死亡做准备

问：昨天得知自己的一位师兄突然离世，师兄今年才三十出头，刚有了孩子。顿时觉得生命有时候太无常，心里万分不是滋味，以致彻夜难眠。请师父开导。

学诚法师： 生命无常，不以人的意志为转移。明天与后世哪一个先到来，谁也不知道。人的一生都在为未来做准备，最应该为死亡做准备。

死亡不是永别

问：我妈妈上个月因为车祸走了，她还很年轻。我的心里一直放不下。恳请开解！

学诚法师： 生命是无限的，死亡不是永别。好好为母亲诵经、念佛，还能够帮助到她。如果自己能以此契机好好修行，明了生命的真相，未来可以更好地相逢。

生死是天注定的吗

问：生死是天注定的吗？我小姨骤然离世已经九个月了，我想起她来就忍不住哭，现在天天想梦见她，想和她说话。也不知道有没有所谓的天堂地狱，也不知道她现在在哪里，过得好不好，能不能看见我。渴望您的指点！

学诚法师： 生死是人无法跨越的大苦。虽是至亲，也只能随着各自业力感生不同的果报。但通过我们的如理修行，回向给亲友，就能够提供一定的帮助。

生死是人无法跨越的大苦。

亲人已经活在了自己的心里

问：如果一个人老是放不下过世的亲人怎么办？

学诚法师： 亲人已经活在了自己的心里，就带着他好好活下去，活出两人份的精彩。

病魔的力量，有一半来自于我们的烦恼与忧惧

问：我不断培养自己乐观的态度，但还是经常被疾病搞得很沮丧。感觉自己很难治愈，总是在吃药，没有依靠。我该怎么办？

学诚法师： 你相信吗，病魔的力量，有一半来自于我们的烦恼与忧惧。既然已经如此，不如坦然面对，放松心情。否则，不接受又能怎么样呢？肉体上的痛苦加上精神上的折磨，只是苦上加苦。

第十三章

好好用心

想得多不是问题，
想的方向错了才是问题

问：想得太多怎么办？越想越气，烦死了，觉都睡不好。恳请指点。

学诚法师： 想得多不是问题所在，问题在于想的内容和方向是错的，才会越想越烦恼。要如理作意。

负面想法如何扭转

问：小时候妈妈总是严责我，做错事就骂我，养成了我敏感自卑的心理，遇事总看到最坏的结果。师父，是不是经常诵读经书就能得到加持，使我有积极乐观自信的想法？

学诚法师： 所谓加持，菩萨的教诲是为"加"，自己用心忆念、实践是为"持"，内心的负面想法自然就会渐渐扭转了。

地里不种庄稼，就会长满杂草

问：我最近总是胡思乱想，把看到的东西往自己身上安，比如小说、电视剧、新闻里看到的，可这些东西又跟自己没关系。我该怎么办？

学诚法师：地里不种庄稼，就会长满杂草；心里不装入正见，就会堆满妄想。更何况现在信息发达，人每天不知不觉都要接触许多染污的东西。必须学习好的道理，时时打扫内心。

时时打扫内心。

得意也好，失意也好，
都是内心的高低起伏

问：我最近有个很好的机会调任到上级机关，已经进入考察阶段了，没想到最后落选了。也许是竞争对手有更强大的背景关系。心中苦闷，望得到您的开示。

学诚法师： 失望来源于期望，刚开始认为自己一定能去，所以现在就非常失落。其实如果拿掉了这个幻想，现在的生活与原来并没有什么变化，自己并未真正"失去"什么。得与失，都是内心的一个感觉。当一些因缘生起时，心里感觉有所"得"，现在的"失"正是与这个"得"相比较而产生的。得意也好，失意也好，都是内心的高低起伏。

为什么你会说到做不到

问：工作了以后发现自己有一个很大的毛病：说到做不到。总是说要怎样怎样，但事实总是管不住自己。到最后给别人的印象就是自己爱说大话。其实自己是真的想要做到。还有，发现自己没记性，这是怎么回事？说到做不到和没记性这两者有关系吗？恳请开示。

学诚法师：记不住也好，做不到也好，都是用心不够的表现。俗话说"世上无难事，只怕有心人"，如果连自己说过的话都不记得，说明这句话没有经过深思熟虑；如果遇到困难就放弃，那所谓"真的想做到"的心又有多真呢？

哀怨自己没有鞋子，却忘了还有人没有脚

问：工作后因打击太多而辞职。现在我对生活一点信心也没有，一想到要回到原来的单位，心里就特别痛苦，一直在努力改变却无效。

学诚法师：有一句话是："哀怨自己没有鞋子，却忘了还有人没有脚。"生活虽然有很多挫折，但是自己拥有的更多、更宝贵。不要把注意力都集中在自己失去的和没有的上，要珍惜当下，接受现状，做好自己该做的。

调整好心态，就能找到希望。苦是在自己心里，阳光也在自己心里。

怕苦怕累怕委屈，
心中怎么会有力量呢

问：我最近好迷茫，我做什么工作都没两天就不喜欢了，一个月了都不知道该干吗，我感觉自己动力都没有了。我该怎么办？

学诚法师：工作不能看自己喜欢不喜欢，这是必要的。不仅是养家糊口的需要，也是自己的需要。一个人如果对别人没有帮助，对社会没有贡献，对家庭没有责任，那自己人生的意义在哪里呢？一味只考虑自己的喜好，只想收获不想付出，怕苦怕累怕委屈，心中怎么会有力量呢？人生怎么会有乐趣呢？

人要学会心理上的
"断奶"

问：我被别人算计诬陷，心情坠入了谷底。现在连身边的朋友也离开了我，心里特别失落、特别委屈，我真不知道自己该怎么办？

学诚法师：孩子总有一天要断奶，人也要学着心理上的独立。伤害是别人给的，委屈是别人离开造成的……苦乐都系于别人，自己的心在哪里？

生活中，要做减法

问：因为工作婚姻各种不顺利积累了很多痛苦情绪，是因为太看重"我"了吗？可是我该怎样坦然面对世俗的评论与各种想法呢？心里总是很着急，我该怎样证明自己不差，万望师父解惑！

学诚法师："我"是一切烦恼的根源。太在意他人的评价，还是为了"我"，要证明自己。现代社会，欲望一直在被激发，缺乏让内心静下来思考的时间和空间；大家都强调"我"，所以人与人之间的矛盾、摩擦也越来越多，这些都造成了人们心灵的焦躁痛苦有增无减。

生活中，要做减法：剥开他人的评价，剥开无益的攀比，剥开过多的欲望，剥开内心的虚荣，看看自己的痛苦到底来源于何处，看看自己到底想要什么。外在的一切都会如风逝去，只有那些关乎生命本质的命题才是我们真正需要关注的。

品诣常看胜如我者，享用常看不如我者

问：同事去年结了婚买了房子，前几天又买了车。而自己现在单身，什么也没有，非常羡慕别人，感觉自己太无能了！我该怎么面对自己现在的生活呢？

学诚法师：没房没车的人，羡慕有房有车的人；有房有车的人，羡慕房子更大、车子更好的人。攀比无止境，也没有理智，走在自己的路上，却望着别人的生活。自己把自己丢掉了，怎么能不迷失？品诣常看胜如我者，享用常看不如我者，才是有智慧的人生态度。

让我们心力交瘁的，
都是内心过不去的坎

问：对公司总是分工不明的情况感到疲惫，已经主动多承担还是不能获得好的结果，心力交瘁失眠，求助师父开解。

学诚法师：外在的事情不能压垮我们，让我们心力交瘁的，都是内心过不去的坎、不能实现的期待、持续

放大的反感……

外境是由许多因缘组合而产生的结果，我们很难主宰。如果把重心放在外在的人与事上，自己又改变不了，就会觉得失落和痛苦。

要注重自己的心和行为，尽心尽力去做，不断成长自己。自己的心转了，才能从烦恼中解脱出来；心转，逆境对于自己就变成了顺境——帮助我们成长的机会。多学习在不同的位置上思考问题，不断扩大自己的心量，增长能力，再慢慢通过自己的努力去解决团队发展中遇到的问题。

求人不如求己

问：本命年要特别注意什么？

学诚法师：求人不如求己。要特别注意自己的起心动念、言谈举止，多起善念，多说好话，多做好事。

"江山易改，本性难移"吗

问：请问"江山易改，本性难移"这句话怎么看？一个人的本性，尤其是成年人已经"定性"了，真的很难改变吗？最近和近十年未见的同学重聚，发现她说话、做事的方式还是那样，很是感慨。

学诚法师： 人的习性非常难改，关键是，大部分人也没有意识、决心和方法去改。但不等于不能改。修行就是改习气，让人不断成长，从凡夫到圣贤。

钻到牛角尖里的执着不能要

问：该如何区分执念过深与心力强猛呢？比如，我在房子、婚姻、事业上都有美好的期待，并不是过分贪婪的程度。从小一直在努力，但也由于智慧不足，经历了一些错误的决策，导致原本能够实现的目标似乎变得遥不可及。现在年龄越来越大，仍在努力不愿妥协，请问，这是心力强猛还是执念太深？

学诚法师：心力强猛，是一种力量，它能给人支持；执念太深，却是一种束缚，使人欲罢不能，痛苦不堪。当你感觉自己钻到牛角尖里了，心如乱麻，左右纠结，走不下去却又放不了手，就一定是执着了。

对别人好，
不是用来交换的

问：我真的认为我对别人很好，好到我都认为我自己傻，该怎么办？

学诚法师：可是这种"好"自己内心是拒绝的，或者说，不是心甘情愿的，只是希望用这种方式来交换别人对自己的好。外在看上去是为他人，其实是为自己。付出越多，内心的期望也就越大，心里的天平也就越容易失衡，于是内心闷闷不乐。"爱自即成众苦因"，这是众生痛苦的根本因。

人的一生，
真正能够了解自己、没有误解的人很少

问：当我帮助身边的一个朋友时，她不仅不表示感谢，还认为是理所应当。最让我无法释怀的是，她向我们共同的朋友添油加醋地诽谤我，让别人排挤我。我不知道她为什么这样。面对这事儿我该怎么做？

学诚法师： 人的一生，真正能够了解自己、没有误解的人很少，因为每个人都只生活在自己所认识的世界中。各人的心路历程、酸甜苦辣，只有自己最清楚，别人无法与自己重合，甚至有时候自己也很难理解自己。反过来想想自己，对身边的朋友足够了解吗？知道他们都在想什么吗？可能有一些轮廓的认识，但很难谈得上深入。

不必那么在意别人的看法或误解，每个人（包括自己）都没有看到全部的真相，我们只是被业力与烦恼的波浪推动着生活。与其为别人的误解而苦恼，不如更努力去认识自己、走好自己的路。对忘恩负义者，从她的生活中默然淡出就好，不必回忆种种，委屈难受。过去的就让它过去，一切境界都是自己消业、积福的机会。

去认识自己、走好自己的路。